高职高专计算机教学改革 **新体系** 教材

网络设备配置与管理

李　锋 编著

清华大学出版社
北 京

内 容 简 介

  本书是参考国内外有关文献资料,结合作者多年教学经验而编写的一本教程。本书遵循循序渐进的原则,注重基础性和实用性,精选企业 24 个工作任务和 5 个综合任务,内容涉及 VLAN 划分与通信、冗余链路(生成树与端口聚合)、静态路由、RIP 和 OSPF 动态路由、广域网协议封装(PAP 与 CHAP 协议)、交换机端口安全、访问控制列表和 NAT。

  本书采用"基于工作任务"组织教学过程,带动理论知识和核心技能的层层深入,学以致用。为便于读者自学,本书对配置脚本做了详细的分析,适合作为初学者的入门教材,也可作为高职计算机网络专业学生的学习用书和 CCNA、RCNA 等认证教材。

图书在版编目(CIP)数据

网络设备配置与管理/李锋编著.—北京:清华大学出版社,2020.9
高职高专计算机教学改革新体系教材
ISBN 978-7-302-55862-0

Ⅰ.①网… Ⅱ.①李… Ⅲ.①网络设备—配置—高等职业教育—教材 ②网络设备—设备管理—高等职业教育—教材 Ⅳ.①TN915.05

中国版本图书馆 CIP 数据核字(2020)第 109986 号

责任编辑:颜廷芳
封面设计:常雪影
责任校对:刘 静
责任印制:杨 艳

出版发行:清华大学出版社
   网 址:http://www.tup.com.cn,http://www.wqbook.com
   地 址:北京清华大学学研大厦 A 座   邮 编:100084
   社 总 机:010-62770175   邮 购:010-62786544
   投稿与读者服务:010-62776969,c-service@tup.tsinghua.edu.cn
   质量反馈:010-62772015,zhiliang@tup.tsinghua.edu.cn
   课件下载:http://www.tup.com.cn,010-83470410
印 装 者:北京鑫丰华彩印有限公司
经 销:全国新华书店
开 本:185mm×260mm 印 张:11.75   字 数:297 千字
版 次:2020 年 9 月第 1 版   印 次:2020 年 9 月第 1 次印刷
定 价:39.00 元

产品编号:084982-01

前　言

"网络设备配置与管理"课程是计算机网络技术专业的核心课程,同时又是一门发展迅速、综合性和应用性很强的实践课程。该课程针对网络工程师与网络管理员管理岗位而设置,主要培养相关人才网络方案规划、设备选型、网络配置、优化与故障检测的岗位技能和专业能力。

由于学校开设课程内容一般会跟不上企业技术发展的步伐,导致学生实践能力与企业需求之间的错位,归根原因是学校经费不足,实验场所有限,设备器材陈旧,更新维护困难,使实践教学不贴近社会和企业,学生难以学以致用;另外,在传统实践教学中,学生在实践课程中扮演的不是实验主体,而是被束缚在对教师的演示和理论讲解上,停留在对实验讲义操作步骤的模仿,兼之在时间和空间上的限制,致使课程实践模式简单、方法唯一、过程固定,学生创新思维和动手能力并没有得到有效的培养和提高。

为解决上述难题,编著者在"网络设备配置与管理"授课中将虚拟实践环节引入课堂,精选企业典型工作任务,撰写了本书,利用思科 Packet Tracer 软件模拟网络拓扑,选型仿真设备,将虚拟实践方式和传统实验教学结合起来,着重培养学生动手能力,促进学生对学科体系的横向认知和纵向深入。

在具体实践教学过程中,宏观上采用基于工作过程的任务导向教学法,微观上综合运用"角色扮演""虚实并举,软硬结合"的教学方法带动实践内容由浅入深逐步展开。

(1) 采用"角色扮演"实践教学方法提高学生参与热情。

角色扮演实践教学法是以学生为中心,通过团队合作、教学互动、师生互动提高学生参与热情和积极性的教学方法。在具体教学实施过程中结合企业典型案例,由教师充当竞标企业领导,企业下设网络规划工程师、设备配置工程师、网络调试工程师、标书编写与投标人员等多种岗位,让学生根据岗位职责交替选择不同角色,投入具体的工作环境和工程任务中,通过分组讨论、团队协作,演绎一场竞争激烈的竞标过程,共同完成复杂繁重的网络工程,从而培养学生综合分析问题和解决问题的能力,形成吃苦耐劳的职业素养、严谨科学的处事方法和积极向上的生活态度。

(2) 通过"虚拟仿真、实物结合、实践验证"三步学习法引导学生思考,提高学生认知水平。

对网络设备运行机制和工作原理进行程序固化,如交换机生成树收敛过程、路由选举机制等。学生对程序看不见、摸不着、想不透,即使学会配置设备后也是知其然而不知其所以然。在实践教学实施过程中将晦涩难懂的理论以生动形象的多媒体动画展现出来,仿真网络运行机制,阐述设备工作原理,将复杂拓扑简单化,抽象理论具体化,配合实物讲解和演示教学,边讲边练,边练边讲,再现配置过程,验证实践结果,既丰富了课程内容,又加深了学生对知识难点的理解,从而提高学生的认知水平。

(3) 结合"分组实施、制定方案、实践论证"三步实践法开发学生创新思维,提高学生的实践动手能力。

在具体实践教学实施过程中结合"分组实施、制定方案、实践论证"三步实践法开发学生创新思维,提高学生的实践动手能力。课程基于书中具体工作任务实施分组教学,鼓励学生通过小组讨论、分工合作、角色交替方式共同制定解决方案,论证网络规划,最后通过网络组建和设备配置检验方案的可行性,得出实践结论。让学生知道在解决实际工程问题中,方案不是唯一的,以此扩展学生的思维,培养学生分析问题和解决问题的能力。

通过以上对教学模式和教学方法的革新,既节约了实验室建设投入成本,也提高了学生自主学习兴趣和主动性,同时解决了传统物理设备配置实验中平时闲置、忙时争用的问题。学生完成工作任务的时长减少了40%以上,教师可以多讲15%的知识点。

本书配套相关电子课件、实验录像、虚拟课本、在线实验和讨论答疑网络课程站点。课程站点于2016年荣获第十五届全国多媒体教育软件大赛二等奖(教育部指导、中央电教馆),2019年获得第八届全国高等学校计算机课件大赛二等奖(教育部高等学校计算机科学与技术教学指导委员会)。2016年本课程站点遴选为广东省在线开放课程(广东省教育厅)。

由于时间仓促且编著者水平有限,书中难免存在缺点和不足之处,恳请广大教师和读者批评、指正。

编著者

2020 年 3 月

课程配套学习站点

目录

交换机基本配置

【工作目的】

掌握交换机命令行各种操作模式的区别；能够使用各种帮助信息及命令进行基本配置。

【工作任务】

熟悉交换机各种不同配置模式，以及如何在配置模式之间切换；使用命令对交换机进行基本配置，并熟悉命令行界面操作技巧。

【工作背景】

某公司新来了一位网管，公司要求他熟悉网络产品。通过登录交换机，了解并掌握交换机的命令行操作技巧，以及使用一些基本命令进行配置。

【任务分析】

交换机工作于 OSI 参考模型的第二层，即数据链路层。交换机的管理方式基本分为带内管理和带外管理两种。通过交换机的 Console 接口管理交换机属于带外管理，其优点是不占用交换机带宽和网络接口；缺点是需要使用专门配置线缆，只能近距离配置。第一次配置交换机必须利用 Console 接口进行配置。

交换机的命令行操作模式主要包括：用户模式、特权模式、全局配置模式、配置接口模式等几种。

- 用户模式：进入交换机后默认第一级操作模式，该模式下可以简单查看交换机软、硬件版本信息，对网络进行简单测试。用户模式提示符为"Switch＞"。
- 特权模式：属于用户模式的下一级模式，该模式下可以对交换机配置文件进行管理，查看交换机配置信息，对网络进行复杂测试和调试等。特权模式提示符为"Switch＃"。
- 全局配置模式：属于特权模式下一级模式，该模式下可以配置交换机全局性参数（如主机名、登录信息、划分 VLAN 等）。全局模式提示符为"Switch(config)＃"。
- 配置接口模式：属于全局配置模式的下一级模式，该模式下可以对交换机接口进行参数配置（如配置接口 IP 等）。接口模式提示符为"Switch(config-if)＃"。

交换机的基本操作命令及注意事项包括如下几点。

- Exit 命令是退回到上一级操作模式。
- End 命令是指用户从特权模式以上级别直接返回到特权模式。
- 交换机命令行支持获取帮助信息、命令简写、命令自动补齐、快捷键等功能。配置交换机设备名称和配置交换机描述信息必须在全局配置模式下执行。
- Hostname 用于配置交换机设备名称。

- 查看交换机系统和配置信息命令要在特权模式下执行。
  - show version：查看交换机版本信息。可以查看到交换机硬件版本信息和软件版本信息、MAC 地址等，用于进行交换机操作系统升级时的依据，不能查看交换机配置信息。
  - show mac-address-table：查看交换机当前 MAC 地址映射表信息。
  - show running-config：查看交换机当前生效的配置信息。

【设备器材】

- 三层交换机(3560)1 台。
- 连接交换机的主机 1 台。
- 直连线 1 条。

【环境拓扑】

本工作任务拓扑图如图 1-1 所示。

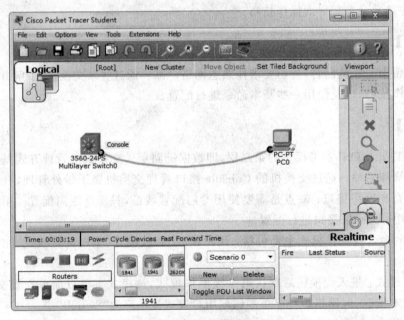

图 1-1　工作任务拓扑图

【工作步骤】

步骤 1：交换机各个操作模式直接的切换

```
Switch > enable                                    //使用 enable 命令从用户模式进入特权模式

Switch # configure terminal                        //使用 configure terminal 命令从特权模式进入全
                                                   //局配置模式
Enter configuration commands, one per line. End with CNTL/Z.    //系统提示
Switch(config) # interface fastEthernet 0/1        //使用 interface 命令进入 F0/1 接口模式。其中，
                                                   //fastEthernet 表示快速以太网(100M)接口,0 表
                                                   //示插槽 0,1 表示第 1 个接口,F0/1 表示快速以太
                                                   //网第 0 个插槽的第 1 个接口。交换路由设备插槽
```

```
                                              //从 0 开始计数,接口从 1 开始计数
Switch(config - if)#
Switch(config - if)#exit                      //使用 exit 命令退出 F0/1 接口模式
Switch(config)# interface fastEthernet 0/2
Switch(config - if)#end
Switch#                                       //使用 end 命令直接退回到特权模式
```

步骤 2:了解交换机命令行界面基本功能

```
Switch>?                                       //显示当前模式下所有可执行的命令
```

```
Exec commands:
< 1 - 99 >        Session number to resume
connect           Open a terminal connection
disable           Turn off privileged commands
disconnect        Disconnect an existing network connection
enable            Turn on privileged commands
exit              Exit from the EXEC
logout            Exit from the EXEC
ping              Send echo messages
resume            Resume an active network connection
show              Show running system information
ssh               Open a secure shell client connection
telnet            Open a telnet connection
terminal          Set terminal line parameters
traceroute        Trace route to destination
```

```
Switch > en < tab >                     //使用 Tab 键补齐命令。在上面的可执行命令中,
                                        //以 en 开头的命令只有 enable,足以区分其他命
                                        //令,此时可以按 Tab 键让系统自动补齐命令
Switch > enable
Switch#con?                             //使用"?"显示当前模式下所有以 con 开头的命令
configure connect                       //交换机提示所有以 con 开头的命令
Switch#conf t                           //当系统足以区分具体命令时,可以使用命令简写
Enter configuration commands, one per line. End with CNTL/Z.  //系统提示
Switch(config)#
Switch(config)# interface ?             //显示 interface 命令后可执行的参数
```

```
Dot11Radio         Dot11 interface
Ethernet           IEEE 802.3
FastEthernet       FastEthernet IEEE 802.3
GigabitEthernet    GigabitEthernet IEEE 802.3z
Loopback           Loopback interface
Port - channel     Ethernet Channel of interfaces
Serial             Serial
Tunnel             Tunnel interface
Virtual - Template Virtual Template interface
Vlan               Catalyst Vlans
range              interface range command
Switch(config)# interface fastEthernet 0/1    //进入 F0/1 接口配置模式
Switch(config - if)#^Z                         //使用快捷键 Ctrl + Z 直接退到特权模式
Switch#
```

步骤 3：配置接口状态

SW - 1(config) # interface fastEthernet 0/1   //进入 F0/1 接口配置模式

SW - 1(config - if) # speed 10   //配置当前接口(F0/1)的速率为 10Mbps

SW - 1(config - if) # duplex half   //配置当前接口(F0/1)双工模式为半双工。
//其中,duplex auto 表示双工模式自适应;
//duplex full 表示全双工模式;duplex half
//表示半双工模式

SW - 1(config - if) # no shutdown   //开启当前接口,使接口转发数据。由于交
//换机接口默认开启,输入 no shutdown 的目
//的是加载当前配置信息,如速率为 10Mbps,
//双工模式为半双工

SW - 1(config - if) # description "This is a Accessport."   //配置接口描述信息,作为提示用途,告诉别
//人这个接口是 Access 口,不是 Trunk 口。
//其中,Access 口用于交换机接主机,Trunk 口
//用于交换机接交换机,或交换机接路由器

SW - 1(config - if) # end

SW - 1 #

% SYS - 5 - CONFIG_I: Configured from console by console   //系统提示

步骤 4：查看交换机的系统和配置信息

SW - 1 # show version   //查看交换机的系统版本信息,用于更新交换机操作系统

```
Cisco IOS Software, 3600 Software (C3640 - JK9O3S - M), Version 12.4【1】, RELEASE SOFTWARE (fc3)
Technical Support: http://www.cisco.com/techsupport
Copyright (c) 1986 - 2005 by Cisco Systems, Inc.
Compiled Fri 29 - Apr - 05 17:54 by hqluong
ROM: ROMMON Emulation Microcode
ROM: 3600 Software (C3640 - JK9O3S - M), Version 12.4【1】, RELEASE SOFTWARE (fc3)
SW - 1 uptime is 25 minutes
   System returned to ROM by unknown reload cause - suspect boot_data[BOOT_COUNT] 0x0, BOOT_
COUNT 0, BOOTDATA 19
System image file is "tftp://255.255.255.255/unknown"
This product contains cryptographic features and is subject to United
States and local country laws governing import, export, transfer and
   use. Delivery of Cisco cryptographic products does not imply
   third - party authority to import, export, distribute or use encryption.
   Importers, exporters, distributors and users are responsible for
   compliance with U.S. and local country laws. By using this product you
   agree to comply with applicable laws and regulations. If you are unable
   to comply with U.S. and local laws, return this product immediately.
   A summary of U.S. laws governing Cisco cryptographic products may be found at:
   http://www.cisco.com/wwl/export/crypto/tool/stqrg.html
   If you require further assistance please contact us by sending email to
   export@cisco.com.
   Cisco 3640 (R4700) processor (revision 0xFF) with 124928K/6144K bytes of memory.
   Processor board ID FF1045C5
   R4700 CPU at 100MHz, Implementation 33, Rev 1.2
   1 FastEthernet interface
   DRAM configuration is 64 bits wide with parity enabled.
```

```
125K bytes of NVRAM.
8192K bytes of processor board System flash (Read/Write)
Configuration register is 0x210
```

SW - 1# show running - config   //查看交换机当前配置信息

```
Building configuration...
Current configuration: 1142 bytes
version 12.2
no service timestamps log datetime msec
no service timestamps debug datetime msec
no service password - encryption
hostname SW - 1                         //自定义修改的主机名
spanning - tree mode pvst
interface FastEthernet0/1
duplex half                             //当前双工模式为半双工
speed 10                                //当前速率为 10Mbps
interface FastEthernet 0/2
interface FastEthernet 0/3
interface FastEthernet 0/4
interface FastEthernet 0/5
interface FastEthernet 0/6
interface FastEthernet 0/7
interface FastEthernet 0/8
interface FastEthernet 0/9
interface FastEthernet 0/10
interface FastEthernet 0/11
interface FastEthernet 0/12
interface FastEthernet 0/13
interface FastEthernet 0/14
interface FastEthernet 0/15
interface FastEthernet 0/16
interface FastEthernet 0/17
interface FastEthernet 0/18
interface FastEthernet 0/19
interface FastEthernet 0/20
interface FastEthernet 0/21
interface FastEthernet 0/22
interface FastEthernet 0/23
interface FastEthernet 0/24
interface GigabitEthernet 0/1
interface GigabitEthernet 0/2
interface Vlan1
no ip address
shutdown
ip classless
ip flow - export version 9
line con 0
line aux 0
line vty 0 4
login
```

步骤 5：保存配置（以下三条都可以用来保存配置）

```
SW-1#copy running-config startup-config    //将当前运行配置保存到启动加载配置文本里面
SW-1#write memory                          //将当前运行配置保存到交换机内存(随机存储器)
SW-1#write                                 //同 write memory
```

【任务测试】

验证 F0/1 接口状态。

```
SW-1#show interface fastEthernet 0/1
```

```
FastEthernet 0/0 is up, line protocol is up    //前面的 up 表示物理接口开启,F0/1 灯亮,如为 down
                                               //状态,检查 F0/1 是否接线,或者是否人为关闭(输入
                                               //shutdown 命令);后面的 up 表示协议已经启动,接口
                                               //链路可以正常通信
Hardware is AmdFE, address is cc00.3be8.0000 (bia cc00.3be8.0000)    //F0/1 接口物理地址
Description: "This is a Accessport."    //自定义提示内容
MTU 1500 bytes, BW 100000 Kbit, DLY 100 usec,
reliability 255/255, txload 1/255, rxload 1/255
Encapsulation ARPA, loopback not set
Keepalive set (10 sec)
Half-duplex, 10Mb/s, 100BaseTX/FX    //接口的双工模式为半双工,速率为 10Mbps
ARP type: ARPA, ARP Timeout 04:00:00
Last input never, output 00:00:00, output hang never
Last clearing of "show interface" counters never
Input queue: 0/75/0/0 (size/max/drops/flushes); Total output drops: 0
Queueing strategy: fifo
Output queue: 0/40 (size/max)
5 minute input rate 0 bits/sec, 0 packets/sec
5 minute output rate 0 bits/sec, 0 packets/sec
    0 packets input, 0 bytes
    Received 0 broadcasts, 0 runts, 0 giants, 0 throttles
    0 input errors, 0 CRC, 0 frame, 0 overrun, 0 ignored
    0 watchdog
    0 input packets with dribble condition detected
    9 packets output, 1604 bytes, 0 underruns
    0 output errors, 0 collisions, 1 interface resets
    0 babbles, 0 late collision, 0 deferred
    0 lost carrier, 0 no carrier
    0 output buffer failures, 0 output buffers swapped out
```

【任务总结】

(1) 命令行操作进行自动补齐或命令简写时,要求所简写的字母能够区别该命令。

(2) 注意区别每个操作下可执行的命令种类,交换机不可以跨模式执行命令。

(3) 配置设备名称的有效字符是 22 个字节。

(4) 交换机接口在默认情况下是开启的,但灯是灭的,OpenStatus 处于 down 状态;只有接口连接其他设备时灯才亮,OpenStatus 转变为 up 状态。

（5）show running-config 查看的是当前生效的配置信息,该信息存储在 RAM(随机存储器里)。当交换机掉电,重新启动时会重新生成新的配置信息。

（6）交换机不同模式之间切换的详细命令如图 1-2 所示。

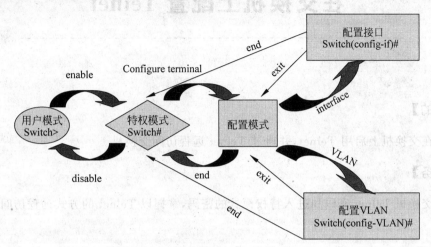

图 1-2　交换机状态命令切换图

工作任务二

在交换机上配置 Telnet

【工作目的】

掌握在交换机上启用 Telnet，并通过 Telnet 远程访问交换机。

【工作任务】

区分交换机 Telnet 密码和进入特权模式的密码，掌握以 Telnet 的方式远程访问交换机的方法。

【工作背景】

企业园区网覆盖范围较大时，交换机会分别放置在不同地点，如果每次配置交换机都要亲临现场，管理员的工作量会非常大。这时可以在交换机上配置和启用 Telnet，管理员可以以 Telnet 方式远程登录交换机进行配置。

【任务分析】

Telnet 是 teletype network 的缩写，现在已成为一个专有名词，表示远程登录协议和方式，分为 Telnet 客户端和 Telnet 服务器程序。

Telnet 协议是 TCP/IP 协议族中的一员，使用 TCP 中的 23 端口号，是 Internet 远程登录服务的标准协议和主要方式。它为用户提供了在本地计算机上完成远程主机工作的能力。管理员可以在终端 Telnet 程序中输入命令，这些命令会在服务器上运行，就像直接在服务器控制台上输入命令一样，在本地远程管理服务器。在交换机中要建立一个 Telnet 会话，必须指定 Telnet 密码和进入特权模式的密码，这两个密码可以相同，也可以不同，但是读者必须区分清楚。

在两台交换机上配置 VLAN 的 IP 地址，作为交换机的管理 IP。本任务用双绞线将两台交换机的 F0/1 接口连接起来，分别配置 Telnet，以实现在每台交换机上以 Telnet 的方式登录到对方交换机。

【设备器材】

- 二层交换机(2950)1 台。
- 三层交换机(3560)1 台。
- 交叉线 1 条。

【环境拓扑】

本工作任务拓扑图如图 2-1 所示。

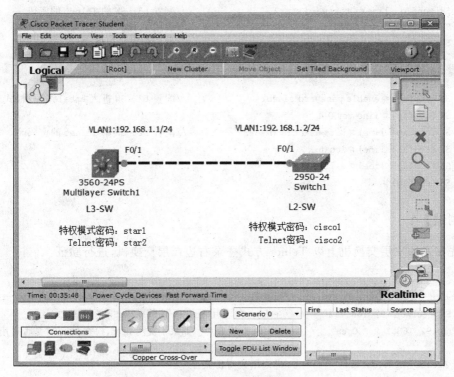

图 2-1　工作任务拓扑图

【工作步骤】

步骤 1：在两台交换机上配置主机名、管理 IP 地址

```
Switch(config)# hostname L3 - SW                              //配置三层交换机主机名
L3 - SW(config)# interface vlan 1                             //进入 VLAN 1 接口
L3 - SW(config - if)# ip address 192.168.1.1 255.255.255.0    //配置 VLAN 1 接口 IP 地址,交换机把
                                                             //VLAN 的 IP 作为自身管理 IP
L3 - SW(config - if)# no shutdown                             //进行加载
L3 - SW(config - if)# end
L3 - SW#

Switch(config)# hostname L2 - SW                              //配置二层交换机的主机名
L2 - SW(config)# interface vlan 1                             //进入 VLAN 1 接口
L2 - SW(config - if)# ip address 192.168.1.2 255.255.255.0    //配置二层交换机管理 IP。对二层交
                                                             //换机配置 IP 并无实际用途,因为二
                                                             //层交换机仅基于 MAC 地址,不能对
                                                             //IP 包转发,配置 IP 目的是仅供 Telnet
                                                             //管理
L2 - SW(config - if)# no shutdown
L2 - SW(config - if)# end
```

步骤 2：在三层交换机上配置 Telnet

```
L3 - SW(config)# enable password star1                       //配置 L3 - SW 进入 enable 特权模式的密码
L3 - SW(config)# line vty 0 4                                 //开启 vty 虚拟端口用于 Telnet 线程,分别是
                                                             //vty0、vty1、…、vty4,并进入线程配置模式
```

```
L3 - SW(config - line)# password star2          //配置 L3 - SW 的 Telnet 的密码
L3 - SW(config - line)# login                    //启用 Telnet 的用户名和密码验证
L3 - SW(config - line)# exit                     //退出配置线程模式
```

步骤 3：在二层交换机上配置 Telnet

```
L2 - SW (config)# enable password cisco1         //配置 L2 - SW 进入 enbale 特权模式密码
L2 - SW (config)# line vty 0 4
L2 - SW (config - line)# password cisco2         //配置 L2 - SW 中 Telnet 的密码
L2 - SW (config - line)# login
L2 - SW (config - line)# exit
L2 - SW (config)#
```

【任务测试】

首先在左边三层交换机上以 Telnet 方式登录右边二层交换机，进行验证：

```
L3 - SW > enable
Password:                        //提示进入 L3 - SW 特权模式密码，输入之前预设的密码 star1
L3 - SW# telnet 192.168.1.2      //在 L3 - SW 上用 Telnet 访问 L2 - SW 的管理 IP
Trying 192.168.1.2 ...Open       //Telnet 连接成功。如果不提示 open，检查 L2 - SW 是否启用 Telnet
                                 //用户名和密码验证"L3 - SW(config - line)# login"
User Access Verification         //进入用户身份验证
Password:                        //提示输入 L2 - SW 的 Telnet 密码为 cisco2
L2 - SW > enable                 //成功用 Telnet 连接至 L2 - SW，并进入特权模式
Password:                        //提示输入进入 L2 - SW 特权模式的密码为 cisco1
L2 - SW#                         //成功进入 L2 - SW 特权模式
```

然后在右边二层交换机上以 Telnet 方式登录左边三层交换机，进行验证：

```
L2 - SW > enable
Password:                        //提示进入 L2 - SW 特权模式密码，输入之前预设的密码 cisco1
L2 - SW # telnet 192.168.1.1
Trying 192.168.1.1 ...Open
User Access Verification
Password:                        //提示输入 L3 - SW 的 Telnet 密码为 star2
L3 - SW > enable                 //成功用 Telnet 连接至 L3 - SW，并进入特权模式
Password:                        //提示输入进入 L3 - SW 特权模式的密码为 star1
L3 - SW #                        //成功进入 L3 - SW 特权模式
```

【任务总结】

（1）如果交换机没有配置特权模式密码，就不能远程登录至交换机进行配置。Telnet 登录时可以进入用户模式，但无法进入特权模式，二层交换机的提示信息为"% No password set"，三层交换机的提示信息为"Password required，but none set"。

（2）Telnet 连接至交换机后，如需退出 Telnet，应输入命令 exit。

（3）读者也可以尝试用计算机 Telnet 连接至交换机，拓扑图如图 2-2 所示。对主机 PC0 配置 IP 后，在 Command Prompt 界面输入 telnet 192.168.1.1，如图 2-3 所示。

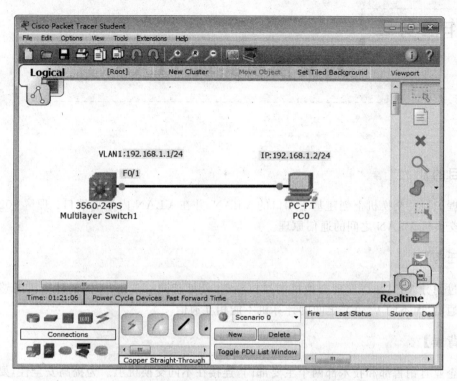

图 2-2 主机用 Telnet 连接至交换机的拓扑图

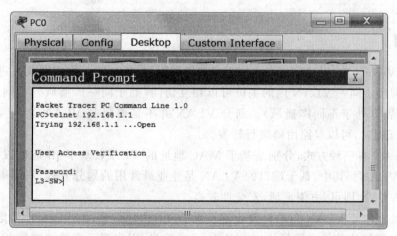

图 2-3 主机用 Telnet 连接至交换机

跨交换机实现 VLAN

【工作目的】

掌握如何在交换机上创建基于端口的 VLAN,并在 VLAN 内添加端口;理解 802.1Q 协议和跨交换机 VLAN 之间的通信原理。

【工作任务】

通过划分 VLAN 以实现交换机的端口隔离,使处于同一 VLAN 内的计算机能够跨交换机进行通信,而不同 VLAN 之间的计算机不能相互通信。

【工作背景】

某企业有销售部和技术部两个主要部门,连接在不同交换机上。为提高安全性,要求相同部门之间可以相互通信,部门之间相互隔离,不能互通,需在交换机上配置 VLAN Tag 标签实现这一目标。

【任务分析】

VLAN(Virtual Local Area Network,虚拟局域网)是指在同一物理网段内进行逻辑划分并分成不同网段。同一 VLAN 内的主机可以相互访问(处于同一广播域),不同 VLAN 之间的主机相互隔离(处于不同广播域)。划分 VLAN 并不是要限制 VLAN 之间互通;当不同 VLAN 需要互通时,可以经路由器进行转发。

划分 VLAN 有三种方式,分别是基于 MAC 地址的 VLAN、基于 IP 地址段的 VLAN 和基于端口的 VLAN。其中,基于端口的 VLAN 是企业最常用的划分方式,只需事先将指定端口加入不同 VLAN 即可,方便灵活,安全性较高。

同一交换机内部 VLAN 与端口划分方式属于自身内部信息,出于安全性考虑不能转发给其他交换机。如何让其他交换机识别自身 VLAN 信息,以实现跨交换机之间相同 VLAN 互通,不同 VLAN 隔离的目的,IEEE 引入了 802.1Q 协议,将交换机端口划分成 Access 口和 Trunk 口两类。Access 口用于主机接交换机,从该端口发出去的数据帧不需要增加端口所在的 VLAN ID 号;Trunk 口用于交换机接交换机,或交换机接路由器,从该端口发出去的数据帧需要增加端口所在的 VLAN ID 号,称为 Tag 标签,以让其他交换机识别数据帧所处的 VLAN ID 信息。如图 3-1 所示,技术部之间通过跨交换机实现通信,经 Trunk 口转发出去时需要添加数据帧源接口的 VLAN ID 号,即 Tag 标签。

注意:经 Access 口转发出去的数据帧不需要添加 Tag 标签,因为 Access 口不封装 802.1Q协议,没有 Tag 标签的概念,计算机同样也不能识别 Tag 标签。经 Trunk 口收到数据帧时不会更改或添加 Tag 标签,只有经 Trunk 口转发出去的数据帧才需要更新或者添加 Tag 标签。

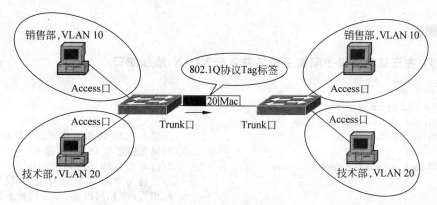

图 3-1　IEEE 802.1Q 协议 Tag 标签

　　Tag VLAN 是基于交换机端口的另外一种类型,主要用于实现跨交换机同一 VLAN 内主机之间的互通,同时实现对不同 VLAN 主机的隔离,以便在跨交换机接收到数据帧后进行准确地过滤。IEEE 802.1Q 协议采用 12bit 用于标识 VLAN ID,共能划分出 $2^{12}-2$(共4 094)个 VLAN(全 0 和全 1 不能用来标识 VLAN ID)。

【设备器材】

- 二层交换机(2950)1 台。
- 三层交换机(3560)1 台。
- PC 4 台。

【环境拓扑】

　　本工作任务拓扑图如图 3-2 所示。

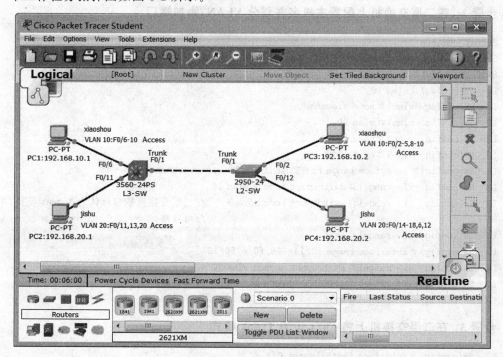

图 3-2　工作任务拓扑图

【工作步骤】

步骤 1：在三层交换机上配置主机名并划分 VLAN，添加端口

```
Switch > enable
Switch # configure terminal
Switch(config) # hostname L3 - SW
L3 - SW(config) # vlan 10                                 //进入 VLAN 10 配置模式。如没有 VLAN 10,
                                                         //则先创建 VLAN 10,再进入
L3 - SW(config - vlan) # name xiaoshou                    //自定义 VLAN 名称,仅用于标识。VLAN 能否
                                                         //互通与 VLAN 名称没有关系,仅与 VLAN ID
                                                         //相关,ID 相同则通,ID 不同则不通
L3 - SW(config - vlan) # vlan 20                          //创建 VLAN 20
L3 - SW(config - vlan) # name jishu
L3 - SW(config - vlan) # exit                             //从配置 VLAN 模式退回到特权模式
L3 - SW(config) # interface range fastEthernet 0/6 - 10   //进入端口 F0/6 - 10。注意多个端口要加
                                                         //range,表示一系列端口范围
L3 - SW(config - if - range) # switchport access vlan 10  //将上述端口划分至 VLAN 10
L3 - SW(config - if - range) # switchport mode access     //将上述 F0/6 - 10 端口模式配置为 Access
                                                         //模式。三层交换机端口默认为 dynamic auto
                                                         //模式,自适应 Access 或 Trunk 模式,本行可以
                                                         //不输入
L3 - SW(config - if - range) # exit                       //从配置范围接口模式退回全局模式
L3 - SW(config) # interface range f0/11,f0/13,f0/20       //多个端口要加 range,即使不是连续端口。
                                                         //端口之间只能用逗号隔开,不能用空格、
                                                         //顿号、分号等
L3 - SW(config - if - range) # switchport access vlan 20  //把上述端口划分至 VLAN 20
L3 - SW(config - if - range) # switchport mode access     //可省略
L3 - SW(config - if - range) # exit
L3 - SW(config) #
```

步骤 2：在二层交换机上配置主机名并划分 VLAN，添加端口

```
Switch > enable
Switch # configure terminal
Switch(config) # hostname L2 - SW
L2 - SW(config) # vlan 10
L2 - SW(config - vlan) # name xiaoshou
L2 - SW(config - vlan) # vlan 20
L2 - SW(config - vlan) # name jishu
L2 - SW(config - vlan) # exit
L2 - SW(config) # interface range fastEthernet 0/2 - 5,fastEthernet 0/8 - 10
L2 - SW(config - if - range) # switchport access vlan 10
L2 - SW(config - if - range) # switchport mode access     //二层交换机端口默认为 Access 模式,本行
                                                         //可省略
L2 - SW(config - if - range) # exit
L2 - SW(config) # interface range f0/14 - 18,f0/6,f0/12
L2 - SW(config - if - range) # switchport access vlan 20
L2 - SW(config - if - range) # switchport mode access     //可省略
L2 - SW(config - if - range) # exit
```

步骤 3：在二层交换机上将 F0/1 设为 Trunk 模式

```
L2 - SW(config) # interface fastEthernet 0/1
```

```
L2 - SW(config - if)# switchport mode trunk      //端口默认为 Access 模式,此时配置其为 Trunk 模式
```

```
% LINEPROTO - 5 - UPDOWN: Line protocol on Interface FastEthernet0/1, changed state to down
% LINEPROTO - 5 - UPDOWN: Line protocol on Interface FastEthernet0/1, changed state to up
```

//交换机提示 F0/1 发出去的数据帧已重新激活(封装 802.1Q 协议)

```
L2 - SW(config - if)# exit
```

步骤 4:在三层交换机上将 F0/1 设为 Trunk 模式

此步骤有以下三种方法,可选择其中任意一种方法。

方法一:

三层交换机端口模式默认为 Auto 自动识别模式,究竟是 Access 模式还是 Trunk 模式,由对方交换机端口模式决定。如果对方交换机端口为 Access 模式,三层交换机端口则处于 Access 模式;如果对方交换机端口为 Trunk 模式,三层交换机端口则处于 Trunk 模式,无须人工干预(可以不进行配置)。

方法二:

```
L3 - SW(config)# interface fastEthernet 0/1
L3 - SW(config - if)# switchport trunk encapsulation dot1q   //封装 802.1Q 协议,dot 表示"."
L3 - SW(config - if)# switchport mode trunk                  //配置为 Trunk 模式的目的在于封装
                                                             //802.1Q 协议,因此本行可以不输入,
                                                             //因为上一行已封装该协议
```

方法三:

```
L3 - SW(config)# interface fastEthernet 0/1
L3 - SW(config - if)# switchport mode trunk
```

```
Command rejected: An interface whose trunk encapsulation is "Auto" can not be configured to
"trunk" mode.
```

```
                                    //交换机提示 F0/1 封装模式为 Auto 模式,不能改为
                                    //Trunk 模式,此时可将 F0/1 先改为 Access 模式,再
                                    //改为 Trunk 模式
L3 - SW(config - if)# switchport mode access   //先改为 Access 模式
L3 - SW(config - if)# switchport mode trunk    //再改为 Trunk 模式
```

以上三种将接口设为 Trunk 模式的方法读者需记住,以便遇到不同设备时能灵活应对。

【任务测试】

(1) 配置主机 IP 地址。

PC1 IP 地址:192.168.10.1

PC2 IP 地址:192.168.20.1

PC3 IP 地址:192.168.10.2

PC4 IP 地址:192.168.20.2

PC1 和 PC3 都属于 VLAN 10,并处于 192.168.10.0/24 网段,可以相互 ping 通,如图 3-3 所示。同理,PC2 和 PC4 都属于 VLAN 20,在同一网段,也能相互 ping 通。

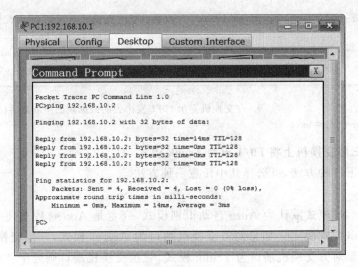

图 3-3　PC1 可以 ping 通 PC3

　　PC1 和 PC4 既非同一 VLAN,又非同一网段,相互无法 ping 通,如图 3-4 所示。同理 PC2 和 PC3 也无法 ping 通。

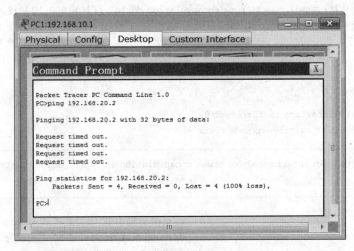

图 3-4　PC1 无法 ping 通 PC4

　　注意:

　　① 假如将 PC3 IP 改为 192.168.20.3,虽然 PC1 和 PC3 都属于 VLAN 10,但网段号不一样,依然无法 ping 通。

　　② 假如将 PC2 IP 改为 192.168.10.3,虽然 PC1 和 PC2 处于同一交换机,并且处于同一网段,但 VLAN ID 不同,依然无法 ping 通。

　　③ 假如将 PC4 IP 改为 192.168.10.3,虽然 PC1 和 PC4 网段号一样,但是 VLAN ID 不同,依然无法 ping 通。

　　由此可以得出结论,在跨交换中(没有外接路由器),主机要能互通,必须同时满足以下两个条件: 第一,VLAN ID 相同; 第二,网络号相同(处于同一网段)。

　　(2) 查看 VLAN 配置。

L2 - SW♯ show vlan　　　　　　　　　　　　　　　　　//查看 L2 - SW 的 VLAN 配置信息

```
VLAN  Name                      Status    Ports
----  ------------------------  -------   ------------------------
1     default                   active    Fa0/7,Fa0/11,Fa0/13,Fa0/19,Fa0/20
                                          Fa0/21,Fa0/22,Fa0/23,Fa0/24
10    xiaoshou                  active    Fa0/2,Fa0/3,Fa0/4,Fa0/5
                                          Fa0/8,Fa0/9,Fa0/10
20    jishu                     active    Fa0/6,Fa0/12,Fa0/14,Fa0/15
                                          Fa0/16,Fa0/17,Fa0/18

1002  fddi-default              act/unsup
1003  token-ring-default        act/unsup
1004  fddinet-default           act/unsup
1005  trnet-default             act/unsup


VLAN Type   SAID    MTU  Parent RingNo BridgeNo Stp BrdgMode Trans1 Trans2
---- -----  ------- ---- ------ ------ -------- --- -------- ------ ------
1    enet   100001  1500 -      -      -        -   -        0      0
10   enet   100010  1500 -      -      -        -   -        0      0
20   enet   100020  1500 -      -      -        -   -        0      0
1002 fddi   101002  1500 -      -      -        -   -        0      0
1003 tr     101003  1500 -      -      -        -   -        0      0
1004 fdnet  101004  1500 -      -      -        ieee -       0      0
1005 trnet  101005  1500 -      -      -        ibm  -       0      0

Remote SPAN VLANs
------------------------------------------------------------------
```

L3-SW# show vlan   //查看 L3-SW 的 VLAN 配置信息

```
VLAN  Name                      Status    Ports
----  ------------------------  -------   ------------------------
1     default                   active    Fa0/2,Fa0/3,Fa0/4,Fa0/5
                                          Fa0/12,Fa0/14,Fa0/15,Fa0/16
                                          Fa0/17,Fa0/18,Fa0/19,Fa0/21
                                          Fa0/22,Fa0/23,Fa0/24,Gig0/1,Gig0/2
10    xiaoshou                  active    Fa0/6,Fa0/7,Fa0/8,Fa0/9,Fa0/10
20    jishu                     active    Fa0/11,Fa0/13,Fa0/20
1002  fddi-default              act/unsup
1003  token-ring-default        act/unsup
1004  fddinet-default           act/unsup
1005  trnet-default             act/unsup


VLAN Type   SAID    MTU  Parent RingNo BridgeNo Stp BrdgMode Trans1 Trans2
---- -----  ------- ---- ------ ------ -------- --- -------- ------ ------
1    enet   100001  1500 -      -      -        -   -        0      0
10   enet   100010  1500 -      -      -        -   -        0      0
20   enet   100020  1500 -      -      -        -   -        0      0
1002 fddi   101002  1500 -      -      -        -   -        0      0
1003 tr     101003  1500 -      -      -        -   -        0      0
1004 fdnet  101004  1500 -      -      -        ieee -       0      0
1005 trnet  101005  1500 -      -      -        ibm  -       0      0

Remote SPAN VLANs
------------------------------------------------------------------
```

（3）查看交换机端口状态。

L2－SW♯show interfaces fastEthernet 0/1 switchport　　　//查看 L2－SW 的 F0/1 端口状态

```
Name: Fa0/1
Switchport: Enabled
Administrative Mode: trunk
Operational Mode: trunk
Administrative Trunking Encapsulation: dot1q
Operational Trunking Encapsulation: dot1q
Negotiation of Trunking: On
Access Mode Vlan: 1 (default)
Trunking Native Mode Vlan: 1 (default)
Voice Vlan: none
Administrative private－vlan host－association: none
Administrative private－vlan mapping: none
Administrative private－vlan trunk native Vlan: none
Administrative private－vlan trunk encapsulation: dot1q
Administrative private－vlan trunk normal Vlans: none
Administrative private－vlan trunk private Vlans: none
Operational private－vlan: none
Trunking Vlans Enabled: ALL
Pruning Vlans Enabled: 2－1001
Capture Mode Disabled
Capture Vlans Allowed: ALL
Protected: false
Appliance trust: none
```

L3－SW♯show interfaces fastEthernet 0/1 switchport　　　//查看 L3－SW 的 F0/1 端口状态

```
Name: Fa0/1
Switchport: Enabled
Administrative Mode: dynamic auto
Operational Mode: trunk
Administrative Trunking Encapsulation: dot1q
Operational Trunking Encapsulation: dot1q
Negotiation of Trunking: On
Access Mode Vlan: 1 (default)
Trunking Native Mode Vlan: 1 (default)
Voice Vlan: none
Administrative private－vlan host－association: none
Administrative private－vlan mapping: none
Administrative private－vlan trunk native Vlan: none
Administrative private－vlan trunk encapsulation: dot1q
Administrative private－vlan trunk normal Vlans: none
Administrative private－vlan trunk private Vlans: none
Operational private－vlan: none
Trunking Vlans Enabled: All
Pruning Vlans Enabled: 2－1001
Capture Mode Disabled
Capture Vlans Allowed: ALL
Protected: false
Unknown unicast blocked: disabled
Unknown multicast blocked: disabled
Appliance trust: none
```

【任务总结】

(1) 思科二层交换机端口默认为 Access 模式,三层交换机端口默认为 Dynamic Auto 模式(Access/Trunk 模式自适应)。二者根本的区别是从 Access 口发出去的数据帧不需封装 802.1Q 协议 Tag 标签(VLAN ID),从 Trunk 口发出去的数据帧需封装 802.1Q 协议 Tag 标签(VLAN ID),因此 Access 模式用于主机接交换机,Trunk 口用于交换机接交换机,或者交换机接路由器。

(2) 跨交换如没有配置路由时,主机之间互通必须同时满足两个条件:①VLAN ID 相同;②网络号相同,主机号不同(处于同一网段)。

(3) 当要删除某个 VLAN 时,只需在创建 vlan 命令前添加 no 即可,例如,要删除 VLAN 10,输入"SW1(vlan)#no vlan 10"。

(4) 交换机默认存在 VLAN 1,VLAN 1 默认名称为 default(不能更改名称),并且所有端口都默认划分给 VLAN 1。VLAN 1 不可以被删除。

(5) Trunk 口支持所有 VLAN 传输(有些型号交换机会显示 Trunk 口出现在所有 VLAN 中),Access 口仅支持同一 VLAN 传输。例如,在 L2 和 L3 交换机不改变 VLAN 划分方式的情况下,将相应端口从 Access 模式改为 Trunk 模式(圆圈标注),此时 4 台主机(主机不能识别 Tag 标签)只要网络号相同,不管隶属于哪个 VLAN,都能互通,如图 3-5 所示。因此,Access 模式或者 Trunk 模式不要随意设置,否则会降低网络安全性。

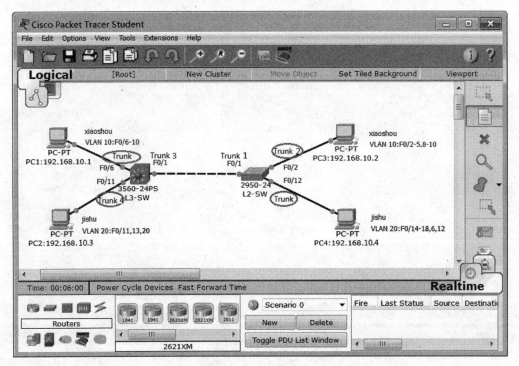

图 3-5 Trunk 口支持所有 VLAN 传输

Access 口与 Trunk 口之间转发的总结如下。

- 数据经 Access 口入栈→Access 口转发:若两个 Access 口处于同一个 VLAN 则转发,不同 VLAN 则丢弃。

- 数据经 Access 口入栈→Trunk 口转发：在 Trunk 口添加 Access 口所在 VLAN ID 的 Tag 标签。
- 数据经 Trunk 口入栈→Access 口转发：判断源 Tag 标签与目的 Access 口所在 VLAN ID 是否相同，若相同则转发至 Access 口，不同则丢弃。
- 数据经 Trunk 1 口入栈→Trunk 2 口转发（如图 3-5 所示，中间不经过 VLAN 接口转发）：Trunk 2 口将不更新 VLAN ID（若 L2-SW 的 F0/1 口为 Access 口，则 Trunk 2 口会将 VLAN ID 更新为 F0/1 口所在 VLAN ID）。
- 数据经 Trunk 3 口入栈→三层交换机 VLAN 10 接口（SVI 10 接口）→三层交换机 VLAN 20 接口（SVI 20 接口）→Trunk 4 口转发：则 Trunk 4 口转发数据时会将 VLAN ID 更新为 SVI 20 接口所在 VLAN ID。如图 3-5 所示，假设 PC3 配置网关后 与 PC2 通信，经 L2-SW 的 F0/1 口增加 10 Tag 标签转发至 L3-SW；L3-SW 的 F0/1 口→VLAN 10 SVI 接口→VLAN 20 SVI 接口→F0/11，由于 F0/11 属于 Trunk 口， Trunk 4 口在转发数据时需要更新 VLAN ID，将源 10 Tag 标签更新为 20，详细情况 请参阅工作任务五。

利用单臂路由实现 VLAN 之间的路由

【工作目的】

利用单臂路由实现 VLAN 间路由。

【工作任务】

掌握如何在路由器物理接口中划分逻辑子接口、封装 Dot1Q（IEEE 802.1Q）协议，实现 VLAN 之间路由。

【工作背景】

某企业销售部和技术部员工都连接在同一 L2 交换机中，通过路由器连接至 Internet。现发现网络内广播流量太多影响内网带宽，需限制部门之间广播但不能影响部门之间通信，要在路由器配置单臂路由实现这一目标。

【任务分析】

在交换网络中，不同 VLAN 之间无法直接互通，此时可通过三层路由设备实现互联。三层路由设备包括路由器或三层交换机。路由器（Router）工作于 OSI 参考模型第三层，即网络层，用于连接不同物理网段（不同交换机）和逻辑网段（不同 IP 地址段），构建广域网，因此路由器又称为网关（Gateway）。当路由器接收到一个数据包时，将目的 IP 和子网掩码做相与运算，得到网络号，通过查询路由表转发至下一路由或目标网段。三层交换机是在二层交换机的基础上增加了路由功能，可以看成是一个多端口的路由器。

（1）路由器一个物理接口只能配置一个 IP，若再对其接口配置新的 IP，旧的 IP 地址会失效。当一个物理接口需要有多个 IP 标识时，可以将一个物理接口划分出多个逻辑子接口，多个 IP 地址在不同逻辑子接口进行配置，不在物理接口配置（一个逻辑子接口也只能配置一个 IP 地址）。

（2）由于路由器是网络层设备，只封装和拆封数据包，不涉及数据帧，也不能识别数据帧，而 VLAN ID 是数据链路层封装的数据。为让路由器能识别数据帧中的 VLAN ID，需在路由器接口上封装 IEEE 802.1Q 二层协议，以实现不同 VLAN 之间的路由。

（3）单臂路由（router-on-a-stick）是指在路由器的一个接口上通过配置子接口（或称"逻辑接口"），实现不同 VLAN 之间的互通。

【设备器材】

- PC 2 台。
- 路由器 1 台。

- 二层交换机 1 台。

【环境拓扑】

本工作任务拓扑图如图 4-1 所示。

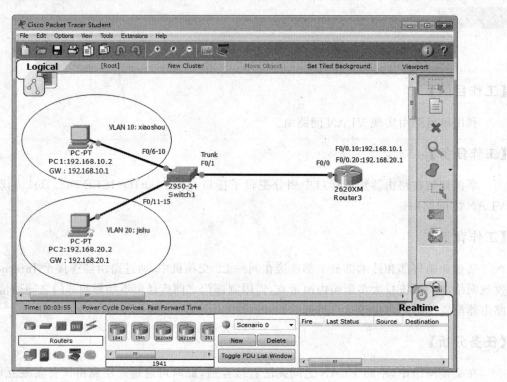

图 4-1　工作任务拓扑图

【工作步骤】

步骤 1：配置 L2 交换机主机名，划分 VLAN 和添加端口，设置为 Trunk 模式

```
Switch(config)#configure terminal
Switch(config)#hostname L2 - SW
L2 - SW(config)#vlan 10
L2 - SW(config - vlan)#name xiaoshou
L2 - SW(config - vlan)#vlan 20
L2 - SW(config - vlan)#name jishu
L2 - SW(config - vlan)#exit
L2 - SW(config)#interface range fastEthernet 0/6 - 10
L2 - SW(config - if - range)#switchport mode access
L2 - SW(config - if - range)#switchport access vlan 10
L2 - SW(config - if - range)#exit
L2 - SW(config)#interface range fastEthernet 0/11 - 15
L2 - SW(config - if - range)#switchport mode access
L2 - SW(config - if - range)#switchport access vlan 20
L2 - SW(config - if - range)#exit
L2 - SW(config)#interface fastEthernet 0/1
L2 - SW(config - if)#switchport mode trunk
L2 - SW(config - if)#end
```

步骤 2：在路由器上设置名称，划分子接口，配置 IP 地址

```
Router # configure terminal
Router(config) # hostname Router
Router(config) # interface fastEthernet 0/0
Router(config - if) # no ip address
```
//去掉路由器 F0/0 接口 IP，因管理员事先不知道该
//接口是否配置了 IP 地址，也不想浪费时间查实，直
//接去掉 IP

```
Router(config - if) # no shutdown
```
//重新开启 F0/0 口，也可以理解为将上述删除 IP 的
//操作激活应用。另外，虚拟二级子接口状态要设
//up，必须保证其上级物理接口状态为 up

```
Router(config - if) # exit
Router(config) # interface fastEthernet 0/0.10
```
//创建并进入 F0/0 逻辑子接口，名称为 F0/0.10，其中
//10 是自定义子接口名称，仅能用数字标识，不能用
//英文。其范围为 0～4 294 967 295。虽然可以自定义
//子接口名称，但其名最好与 VLAN ID 相同，以示区别

```
Router(config - subif) # encapsulation dot1Q 10
```
//指定从 F0/0.10 逻辑子接口发出去的数据帧重新
//封装 10 Tag 标签。例如，从 PC2 发给 PC1 的数据帧，
//原 VLAN 的 ID 为 20，经 F0/0.10 子接口发出时，20 Tag
//标签将封装（变更）为 10。dot1Q 10 中的 10 与上行
//fastEthernet 0/0.10 的 10 没有联系

```
Router(config - subif) # ip address 192.168.10.1 255.255.255.0
```
//某些设备对逻辑接口配置 IP 后，可以输入 no shutdown
//激活，也可以不输入 no shutdown。但物理接口一
//定要输入 no shutdown，否则不予激活。因不同设备
//之间有差异，为减少调试时间，建议读者配置完 IP
//后，不管是物理接口还是逻辑接口，都输入 no shutdown
//以应用接口 IP

```
Router(config - subif) # exit
Router(config) # interface fastEthernet 0/0.20
```
//20 也是自定义的子接口名称，起名为 20 是为了和
//与之相连的 VLAN 20 对应

```
Router(config - subif) # encapsulation dot1Q 20
```
//指定从 F0/0.20 逻辑子接口发出去的数据帧重新
//封装 20Tag 标签

```
Router(config - subif) # ip address 192.168.20.1 255.255.255.0
Router(config - subif) # end
```

步骤 3：查看 L2 交换机 VLAN 配置

```
L2 - SW # show vlan
```

VLAN	Name	Status	Ports
1	default	active	Fa0/2,Fa0/3,Fa0/4,Fa0/5 Fa0/16,Fa0/17,Fa0/18,Fa0/19 Fa0/20,Fa0/21,Fa0/22,Fa0/23 Fa0/24
10	xiaoshou	active	Fa0/6,Fa0/7,Fa0/8,Fa0/9,Fa0/10
20	jishu	active	Fa0/11,Fa0/12,Fa0/13,Fa0/14,Fa0/15
1002	fddi - default	act/unsup	
1003	token - ring - default	act/unsup	
1004	fddinet - default	act/unsup	
1005	trnet - default	act/unsup	

```
VLAN  Type   SAID    MTU   Parent  RingNo  BridgeNo  Stp  BrdgMode  Trans1  Trans2
----  ----   ----    ----  ------  ------  -------   ---  -------   -----   -----
1     enet   100001  1500  -       -       -         -    -         0       0
10    enet   100010  1500  -       -       -         -    -         0       0
20    enet   100020  1500  -       -       -         -    -         0       0
1002  fddi   101002  1500  -       -       -         -    -         0       0
1003  tr     101003  1500  -       -       -         -    -         0       0
1004  fdnet  101004  1500  -       -       -         ieee -         0       0
1005  trnet  101005  1500  -       -       -         ibm  -         0       0
```

步骤 4：查看路由器的路由表

Router # show ip route

```
Codes: C - connected, S - static, I - IGRP, R - RIP, M - mobile, B - BGP
       D - EIGRP, EX - EIGRP external, O - OSPF, IA - OSPF inter area
       N1 - OSPF NSSA external type 1, N2 - OSPF NSSA external type 2
       E1 - OSPF external type 1, E2 - OSPF external type 2, E - EGP
       i - IS-IS, L1 - IS-IS level-1, L2 - IS-IS level-2, ia - IS-IS inter area
       * - candidate default, U - per-user static route, o - ODR
       P - periodic downloaded static route
Gateway of last resort is not set
C    192.168.10.0/24 is directly connected, FastEthernet0/0.10
C    192.168.20.0/24 is directly connected, FastEthernet0/0.20
```

该路由表表示，192.168.10.0/24 和 192.168.20.0/24 网段属于直连网段 C。如果要把数据包发送给 192.168.10.0/24，则从路由器本地的 F0/0.10 发出去；如果要把数据包发送给 192.168.20.0/24，则从路由器本地的 F0/0.20 发出去。路由表上的接口名称表示数据包从该接口投递出去。

【任务测试】

PC1 和 PC2 的 IP 配置如表 4-1 所示。

表 4-1　PC1 和 PC2 的 IP 地址配置情况

配　置　项	PC1	PC2
IP 地址	192.168.10.2	192.168.20.2
子网掩码	255.255.255.0	255.255.255.0
网关	192.168.10.1	192.168.20.1

PC1 和 PC2 能相互 ping 通，数据包 TTL(Time To Live)生存周期值从默认值 128 减为 127，表示经过一个路由器转发，如图 4-2 所示。

【任务总结】

(1) 路由器接口属于网络层，不能将其接口划分为 Access 或 Trunk 模式。要让路由器识别 Tag 标签，必须封装 802.1Q 协议，否则无法实现 VLAN 之间转发。

(2) 不能在路由器物理接口上封装 802.1Q 协议，只能在其逻辑子接口封装 802.1Q

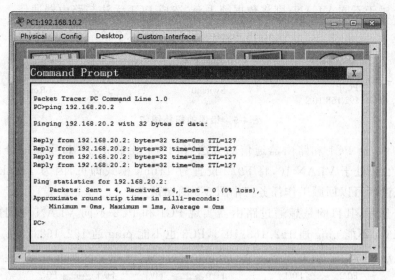

图 4-2　PC1 和 PC2 互通

协议。

（3）Windows 操作系统（Windows 2000 以后）的 TTL 默认值为 128，UNIX 操作系统（交换机、路由器等网联设备）的 TTL 默认值为 255，Linux 系统默认的 TTL 值为 64。在应用 ping 命令时，TTL 的具体值由目的（对方）设备操作系统决定。

（4）划分交换机 VLAN 与配置 Access 模式、Trunk 模式需谨慎，否则会导致主机无法通信。如图 4-3 所示，交换机 F0/1 和 F0/2 都用的是默认配置，由于没有划分 VLAN，F0/1 和 F0/2 都隶属于 VLAN 1，将 F0/1 配置成 Access 或 Trunk 模式都不影响主机与路由器通信。

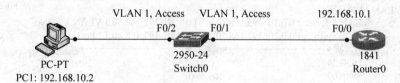

图 4-3　能连通的拓扑图（不建议）

如图 4-4 所示，若将 F0/2 划分给 VLAN 10，此时 F0/1 和 F0/2 属于不同 VLAN，造成 F0/1 和 F0/2 之间无法相互通信，主机也会无法与路由器通信。

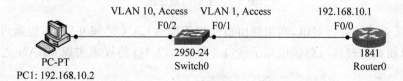

图 4-4　错误的拓扑图（1）

如图 4-5 所示，在图 4-4 所示的基础上将 F0/1 改为 Trunk 属性，PC1 发给路由器的数据帧经 F0/1 口后增加 Tag 标签 10，路由器收到后构建 echo 包回复。交换机从 F0/1 口（F0/1 口设置为 Trunk 口，经 F0/1 口发出去的数据帧增加 Tag 标签，而经 F0/1 口收到的数据帧无须增加 Tag 标签）收到路由器发送的 echo 包，发现没有 Tag 标签（路由器物理接口无法封装 Tag 标签），将检查 VLAN 划分方式，发现主机隶属于 VLAN 10，路由器隶属于 VLAN 1，两者 MAC 地址属于不同 VLAN,则将数据帧丢弃,造成 PC1 无法与路由器通信。

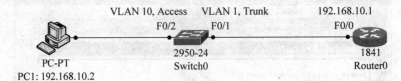

图 4-5　错误的拓扑图(2)

在图 4-5 中,让 PC1 和路由器通信的方法有两种:①将 F0/2 口重新划分给 VLAN 1;②交换机 F0/2 仍处于 VLAN 10,将 F0/2 设置为 Trunk 模式即可,因为 Trunk 口支持所有 VLAN 传输,读者可以回顾工作任务三中图 3-5 的知识点。

如图 4-6 所示,其目的是想通过路由器实现 PC1 和 PC2 不同 VLAN 之间的互通,但和图 4-5 一样,PC1 不能 ping 通 192.168.10.1,PC3 也不能 ping 通 192.168.20.1。

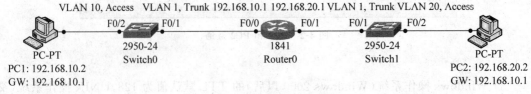

图 4-6　错误的拓扑图(3)

图 4-7 是正确的拓扑图,在路由器 F0/0 和 F0/1 物理接口上分别划出两个虚拟子接口,实现不同 VLAN 之间的互通。

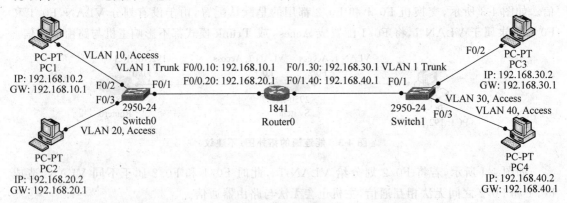

图 4-7　正确的拓扑图

从上述几个例子可以看出,利用路由器实现不同 VLAN 之间互通,不能通过路由器物理接口转发,只能在物理接口创建虚拟子接口并封装 802.1Q 协议来实现 VLAN 之间的互通。

利用三层交换机实现 VLAN 之间的路由

【工作目的】

掌握如何在三层交换机上配置 SVI 虚拟接口,实现 VLAN 之间的路由。

【工作任务】

对三层交换机 VLAN 配置 IP 地址,以实现 VLAN 之间的路由。

【工作背景】

某企业有销售部和技术部,其中销售部的计算机分散连接在两台交换机上,它们之间需要相互通信,销售部和技术部之间也需要相互通信,现要在交换机上实现这一目标。

【任务分析】

在交换网络中,通过 VLAN 对一个物理网络进行逻辑划分,不同 VLAN 之间无法直接访问,必须通过三层设备进行连接,如路由器或三层交换机。三层交换机和路由器都具备网络层路由功能,能够根据数据 IP 包头目的 IP 地址进行转发,从而实现不同网段之间的互联。两者不同之处是,路由器接口数量较少(公网中路由条目复杂,如路由器接口过多,连接网段数量也会增多,此时路由表就会很大,路由器如需从几十万个甚至上百万个记录中找到一条最佳路径,会极大地影响路由的性能。为避免网络瓶颈,路由器接口数量一般仅有几个),用于广域网中将不同网段之间互联;三层交换机用于局域网中将不同二层交换机网段汇聚在一起,实现内网路由(三层交换机接口数量较多,如 24 口、48 口三层交换机,可以看成是一个多端口路由器。由于内网网段简单,路由表条目相对公网少很多,路由表条目不会很大,因此三层交换机转发数据包的效率很高)。

SVI(Switch Virtual Interface)即交换机虚拟接口,是与 VLAN 通信 IP 的接口,一般作为 VLAN 的网关。对交换机 SVI 配置 IP 地址的目的有以下两个。

(1) 作为交换机的管理 IP,用于管理员远程 Telnet 管理交换机。

(2) 作为 VLAN 网关接口,实现不同 VLAN 之间的互通。

在配置时使用 interface vlan 接口配置命令创建 SVI 并对其配置 IP 地址。部分型号的三层交换机路由功能默认是关闭的,如需开启,应在配置模式下输入 ip routing 命令,此时三层交换机可以看作是一个多端口路由器,否则其还是二层设备。

【设备器材】

- 二层交换机 1 台。
- 三层交换机 1 台。

- PC 3 台。

【环境拓扑】

本工作任务拓扑图如图 5-1 所示。

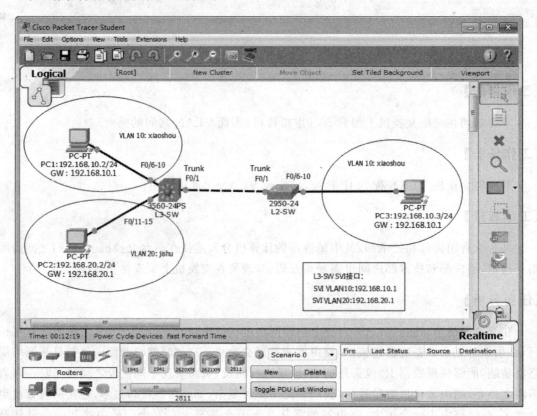

图 5-1　工作任务拓扑图

【工作步骤】

步骤 1：配置两台交换机的主机名

```
Switch(config)#configure terminal
Enter configuration commands, one per line. End with CNTL/Z
Switch(config)#hostname L3 - SW
L3 - SW#

Switch(config)#configure terminal
Enter configuration commands, one per line. End with CNTL/Z
Switch(config)#hostname L2 - SW
L2 - SW#
```

步骤 2：在三层交换机上划分 VLAN，添加端口，并设置为 Trunk 模式

```
L3 - SW(config)#vlan 10
L3 - SW(config - vlan)#name xiaoshou
L3 - SW(config - vlan)#exit
```

L3 - SW(config) # vlan 20
L3 - SW(config - vlan) # name jishu
L3 - SW(config - vlan) # exit
L3 - SW(config) # interface range fastEthernet 0/6 - 10
L3 - SW(config - if - range) # switchport mode access   //端口默认为 Access 模式,可以不输入
L3 - SW(config - if - range) # switchport access vlan 10
L3 - SW(config - if - range) # exit
L3 - SW(config) # interface range fastEthernet 0/11 - 15
L3 - SW(config - if - range) # switchport mode access
L3 - SW(config - if - range) # switchport access vlan 20
L3 - SW(config - if - range) # exit
L3 - SW(config) # interface fastEthernet 0/1
L3 - SW(config - if) # switchport trunk encapsulation dot1q   //三层交换机封装 802.1Q 协议,即配置
                                                               //成 Trunk 模式
L3 - SW(config - if) # switchport mode trunk   //可不输入
L3 - SW(config - if) # exit

步骤 3:在二层交换机上划分 VLAN,添加端口,并设置为 Trunk 模式

L2 - SW(config) # vlan 10
L2 - SW(config - vlan) # name xiaoshou   //两边交换机划分的 VLAN 名称虽然是自定义的且与 VLAN
                                             //主机互通也没有关系,但最好一致,方便识别
L2 - SW(config - vlan) # vlan 20   //左边三层交换机划分了 VLAN 20 和 VLAN 30,并不意味着
                                             //右边二层交换也必须创建一样的 VLAN,但最好一致,方便
                                             //日后网络升级完善。是否创建 VLAN 20 对本工作任务没有
                                             //影响,因为 VLAN 20 没有主机
L2 - SW(config - vlan) # name jishu
L2 - SW(config - vlan) # exit
L2 - SW(config) # interface range fastEthernet 0/6 - 10
L2 - SW(config - if - range) # switchport mode access
L2 - SW(config - if - range) # switchport access vlan 10
L2 - SW(config - if - range) # exit
L2 - SW(config) # interface fastEthernet 0/1
L2 - SW(config - if) # switchport mode trunk
L2 - SW(config - if) # exit

步骤 4:在三层交换机上配置 SVI 接口

L3 - SW(config) # interface vlan 10   //进入 VLAN 10 的 SVI 接口,如该接口不存在,则先新建该接
                                                       //口再进入
L3 - SW(config - if) # ip address 192.168.10.1 255.255.255.0
L3 - SW(config - if) # no shutdown   //交换机 VLAN 口属于虚拟接口,配置 IP 后可以不输入 no
                                                       //shutdown。其接口是 up 还是 down 的状态由该虚拟接口是
                                                       //否接线(接主机或交换机)决定。如 VLAN 接口接入主机(需
                                                       //将某物理接口划分至该 VLAN,在物理接口接入主机)则为
                                                       //up,没有接入主机则为 down,与是否输入 no shutdown 没有
                                                       //直接关系
L3 - SW(config - if) # exit
L3 - SW(config) # interface vlan 20
L3 - SW(config - if) # ip add 192.168.20.1 255.255.255.0
L3 - SW(config - if) # no shutdown   //可以不输入。建议不管虚拟接口还是物理接口,对其配置
                                                       //IP 后都输入 no shutdown
L3 - SW(config - if) # exit
L3 - SW(config) # ip routing   //开三层交换机路由转发功能

步骤5：查看三层交换机路由表

L3 - SW# show ip route

```
Codes: C - connected, S - static, I - IGRP, R - RIP, M - mobile, B - BGP
       D - EIGRP, EX - EIGRP external, O - OSPF, IA - OSPF inter area
       N1 - OSPF NSSA external type 1, N2 - OSPF NSSA external type 2
       E1 - OSPF external type 1, E2 - OSPF external type 2, E - EGP
       i - IS-IS, L1 - IS-IS level-1, L2 - IS-IS level-2, ia - IS-IS inter area
       * - candidate default, U - per-user static route, o - ODR
       P - periodic downloaded static route
Gateway of last resort is not set
C    192.168.10.0/24 is directly connected, Vlan10
C    192.168.20.0/24 is directly connected, Vlan20
```

上述路由表意思是，三层交换机发现两个直连网段，即 192.168.10.0 网段数据从本地 VLAN 10 虚拟接口(SVI 接口)转发出去，192.168.20.0 网段数据从本地 VLAN 20 虚拟接口转发出去。

【任务测试】

PC1、PC2 和 PC3 的 IP 地址配置如表 5-1 所示。

表 5-1　PC1、PC2 和 PC3 的 IP 地址配置情况

配 置 项	PC1	PC2	PC3
IP 地址	192.168.10.2	192.168.20.2	192.168.10.3
子网掩码	255.255.255.0	255.255.255.0	255.255.255.0
网关	192.168.10.1	192.168.20.1	192.168.10.1

（1）PC1 和 PC2 能相互 ping 通，TTL 值为 127，如图 5-2 所示。

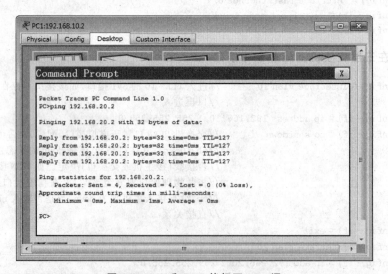

图 5-2　PC1 和 PC2 能相互 ping 通

（2）PC1 和 PC3 能相互 ping 通，由于都处于同一 VLAN，TTL 值默认为 128，表示两台主机处于同一局域网，不需经路由器转发，如图 5-3 所示。

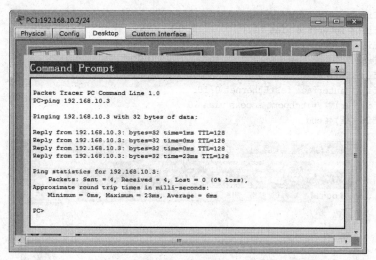

图 5-3　PC1 和 PC3 能相互 ping 通

（3）PC2 和 PC3 能相互 ping 通，TTL 的值为 127，如图 5-4 所示。

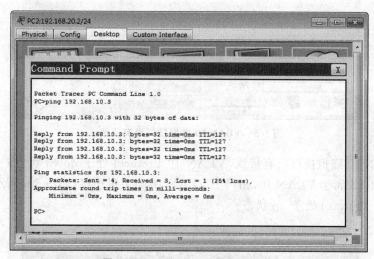

图 5-4　PC2 和 PC3 能相互 ping 通

【任务总结】

（1）部分型号三层交换机路由转发功能默认关闭。至于三层路由默认是开启还是关闭，不需耗费时间去查，只需输入 ip routing 开启即可。

（2）PC 主机网关为所处 VLAN 的 SVI 接口 IP 地址。

（3）配置模式下输入 vlan 10 是进入配置 VLAN 10 模式，仅可以对 VLAN 10 自定义名称，如 xiaoshou，不可以配置 IP；输入 interface vlan 20 是进入配置 VLAN 10 接口模式，可以配置 IP 等信息。

（4）交换机 SVI 是虚拟接口，其处于 up 还是 down 状态由该接口是否接入主机决定，与是否输入 no shutdown 没有直接关系。

以图 5-5 为例，三层交换机的配置如下。

Switch(config)＃vlan 10

```
Switch(config-vlan)#exit
Switch(config)#interface vlan 10
Switch(config-if)#ip address 192.168.10.1 255.255.255.0
Switch(config-if)#no shutdown
Switch(config-if)#exit
Switch(config)#interface fastEthernet 0/10
Switch(config-if)#switchport access vlan 10
Switch(config-if)#end
```

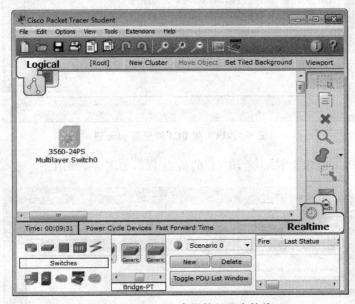

图 5-5　VLAN 10 虚拟接口没有接线

由于 VLAN 10 虚拟接口没有接线，VLAN 10 Protocol 处于 down 状态；三层交换机接线后，由于 F0/10 隶属于 VLAN 10，相当于 VLAN 10 与主机连接，如图 5-6 所示，此时三层交换机 VLAN 10 Protocol 处于 up 状态。

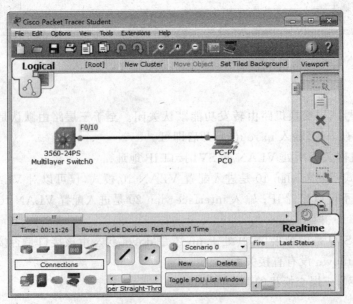

图 5-6　VLAN 10 虚拟接口接入主机

假如三层交换机接入的是 F0/9,如图 5-7 所示。由于 F0/9 默认属于 VLAN 1,此时 VLAN 10 没有接线,三层交换机 VLAN 10 Protocol 处于 down 状态。

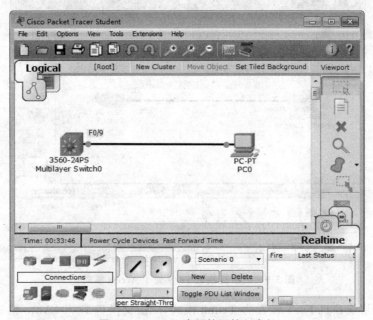

图 5-7 VLAN 1 虚拟接口接入主机

假如用二层交换机接入三层交换机 F0/10,如图 5-8 所示,此时与主机接入效果相同(参考图 5-6),则三层交换机 VLAN 10 Protocol 处于 up 状态。

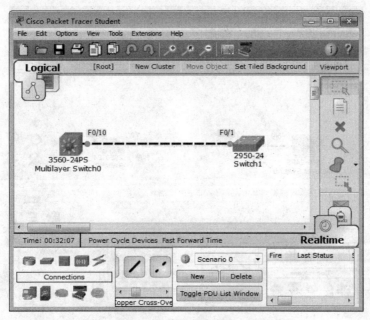

图 5-8 VLAN 10 虚拟接口接入二层交换机

假如用二层交换机接入三层交换机 F0/9,如图 5-9 所示。由于二层交换机 F0/1 默认属于 Access 模式,三层交换机 F0/9(Auto 模式)也识别为 Access 模式,VLAN 10 没有接线,则三层交换机 VLAN 10 Protocol 处于 down 状态。

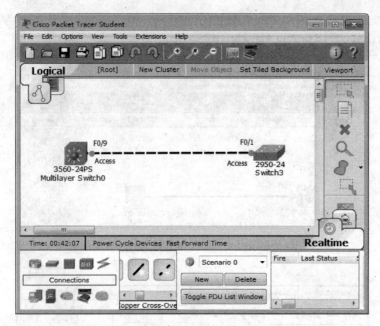

图 5-9   三层交换机 F0/9 处于 Access 模式

此时,将二层交换机 F0/1 设置为 Trunk 模式,三层交换机 F0/9(Auto 模式)也将识别为 Trunk 模式,如图 5-10 所示。由于 Trunk 口会出现在所有 VLAN 当中,即三层交换机的 F0/9 也隶属于 VLAN 10,相当于 VLAN 10 通过 F0/9 接入交换机,此时三层交换机 VLAN 10 Protocol 处于 up 状态。

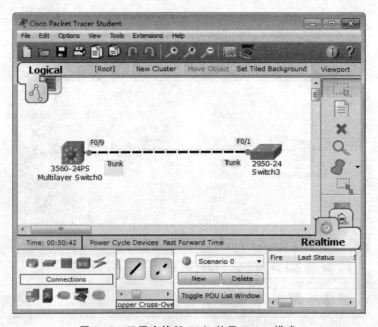

图 5-10   三层交换机 F0/9 处于 Trunk 模式

交换机 SVI 虚拟接口是处于 up 还是 down 状态,关键在于其是否接线,与有没有输入 no shutdown 命令没有直接联系,读者应慢慢领会,否则在后续章节学习调试时会出现诸多问题。

【工作目的】

理解快速生成树协议(Rapid Spanning Tree Protocol,RSTP)工作原理,掌握如何在交换机上配置快速生成树。

【工作任务】

两台交换机绕城回路时,会造成广播风暴直至耗尽所有带宽,此时需要在交换机中启用RSTP,在避免环路的同时提供链路冗余备份功能。

【工作背景】

某学校为了开展计算机教学和网络办公,建立了一个计算机教室和一个校办公区,这两处的计算机网络通过两台交换机互联组成内部校园网。为了提高网络的可靠性,网络管理员用两条链路将交换机互联,现要在交换机上适当配置,避免网络环路造成广播风暴。

【任务分析】

当交换机端口间绕成回路时(即数据到达目的交换机存在多条路径),可以提高网络健壮性和稳定性,缺点是环路会导致广播风暴、多帧复制及 MAC 地址表不稳定等问题。

生成树协议(Spanning Tree Protocol)的作用是在交换网络中提供冗余备份链路,并且解决交换网络中的环路问题。生成树协议是利用 SPA 算法(即生成树算法),在存在环路的交换网络中创建一个以某台交换机的某个端口为根的一棵树,避免端口之间绕城环路。运用该协议算法将交换网络冗余备份链路在逻辑上断开。只有当主链路出现故障时,备份链路才能自动切换启用,保证数据的正常转发。生成树协议有 STP(生成树协议 IEEE 802.1D)、RSTP(快速生成树协议 IEEE 802.1W)和 MSTP(多生成树协议 IEEE 802.1S)等版本。

生成树协议的缺点是收敛时间过长,从主链路故障到切换至备份链路,选举全过程需要耗时 50s,其选举的流程如下(以下值均为越小越优)。

(1) 选举根网桥。

根据网桥 ID 选举根网桥。

网桥 ID 值=网桥优先值+网桥 MAC 地址

其中,网桥 ID 值越小越优。网桥优先值默认为 32 768(0~61 440,是 4 096 的倍数),值越小越优。

(2) 在非根网桥选举根端口。

• 根据路径成本选举根端口。

• 根据对方交换机端口的优先级(收到的 BPDU 优先级值)选举根端口。端口的优先级值默认为 128(0~240,是 16 的倍数),值越小越优。

- 根据自身端口号选举根端口。生成树路径成本开销值如表 6-1 所示。

表 6-1 生成树路径成本开销值

链 路 带 宽	路 径 成 本	链 路 带 宽	路 径 成 本
10Gbps	2	100Mbps	19
1 000Mbps	4	10Mbps	100

- 根据网桥 ID 值选举根端口。

(3) 在每个网段选举指定端口。

- 根据路径成本选举根端口。
- 根据网桥优先级选举根端口。
- 根据自身端口号选举根端口。
- 根据网桥 ID 值选举根端口。

(4) 阻塞非根端口和非指定端口。

快速生成树协议是在生成树协议的基础上增加的两种端口角色,即替换端口(Alternate Port)和备份端口(Backup Port),它们分别作为根端口(Root Port)和指定端口(Designated Port)的冗余端口。在物理拓扑变化或备份链路出现故障时,可以在 20ms 内直接切换到替换端口或备份端口,从而实现 RSTP 协议的快速收敛。

快速生成树路径成本开销值如表 6-2 所示。

表 6-2 快速生成树路径成本开销值

速 率	端口类型	802.1D(短整型)	802.1W(长整型)
10Mbps	普通端口	100	2 000 000
	聚合链路	95	1 900 000
100Mbps	普通端口	19	200 000
	聚合链路	18	190 000
1 000Mbps	普通端口	4	20 000
	聚合链路	3	19 000

【设备器材】

- 二层交换机 1 台。
- 三层交换机 1 台。
- PC 2 台。

【环境拓扑】

本工作任务拓扑图如图 6-1 所示。

【工作步骤】

步骤 1:配置两台交换机的主机名和 Trunk 模式

```
Switch> enable
```

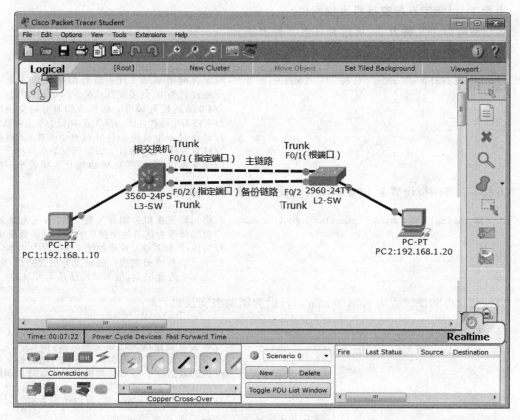

图 6-1 工作任务拓扑图

Switch # configure terminal

Enter configuration commands, one per line. End with CNTL/Z.

Switch(config) # hostname L3 - SW

L3 - SW(config) # interface rang fastEthernet 0/1 - 2

L3 - SW(config - if - range) # switchport trunk encapsulation dot1q

L3 - SW(config - if - range) # switchport mode trunk

L3 - SW(config - if - range) # exit

L3 - SW(config) #

Switch > enable

Switch # configure terminal

Enter configuration commands, one per line. End with CNTL/Z.

Switch(config) # hostname L2 - SW

L2 - SW(config) # interface rang fastEthernet 0/1 - 2

L2 - SW(config - if - range) # switchport mode trunk

L2 - SW(config - if - range) # exit

L2 - SW(config) #

步骤 2：在两台交换机上启用 RSTP

L3 - SW(config) # spanning - tree mode rapid - pvst   //指定生成树协议类型为 RSTP

L2 - SW(config) # spanning - tree mode rapid - pvst   //指定生成树协议类型为 RSTP

步骤 3：以指定三层交换机为根网桥

该步骤有以下三种方法，可选择任意一种方法。

方法一：更改网桥优先级。

```
L3 - SW(config)♯spanning - tree vlan 1 priority 0
```
//配置网桥 VLAN 1 优先级为 0(优先级不是非
//要设置为 0,只要比默认值 32 768 小,并且是
//4 096 的倍数即可。假如不知对方的交换机
//有没有更改优先级的默认值,则设为 0 最可靠)。
//思科设备生成树不是针对整个交换机,而是
//针对具体 VLAN 而言。如需把整个交换机设为
//根交换机,需将所有 VLAN 的优先级设小一些

方法二：将网桥设置为 root primary(设为主根交换机)。

```
L3 - SW(config)♯spanning - tree vlan 1 root primary
```
//将当前交换机强制设为根交换机,优先级会
//自动修改为比其他交换机的最小优先级更小
//的值(假如其他交换机的优先级已设为 0,本命
//令无法将当前交换机强制设为根交换机,需
//由 MAC 地址决定,但 MAC 地址是不可改的)

方法三：将网桥设置为 root secondary(设为辅助根交换机)。

```
L3 - SW(config)♯spanning - tree vlan 1 root secondary
```
//将当前交换机强制设为辅助根交换机,优先
//级会自动修改为比根交换机大,但比其他非
//根交换机小的优先级。日常设为辅助根交换
//机的目的在于当根交换机出现故障时自动接
//替其角色。由于当前生成树没有交换机设为
//主根,此时 L3 - SW 辅助根将作为主根

【任务测试】

(1) 查看 L3-SW 生成树配置(方法一配置结果)。

```
L3 - SW♯show spanning - tree vlan 1
```
//查看生成树配置信息

```
VLAN0001
Spanning tree enabled protocol rstp                          //当前生成树协议为 RSTP
Root ID     Priority    1                                    //当前生成树的根网桥的优先级为 1
            Address     00D0.9788.8C68                       //当前生成树选举的根网桥的 MAC 地址
            This bridge is the root                          //当前网桥是根网桥
            Hello Time 2 sec Max Age 20 sec Forward Delay 15 sec

Bridge ID Priority 1 (priority 0 sys - id - ext 1)           //当前网桥的优先级为 1(优先级 0 + VLAN ID),
                                                             //假如当前是 VLAN 3,则当前网桥的优先级为
                                                             //0 + 3 = 3
            Address     00D0.9788.8C68                       //当前 L3 网桥的 MAC 地址与当前生成树选举
                                                             //的根网桥的 MAC 地址相同
            Hello Time 2 sec Max Age 20 sec Forward Delay 15 sec

            Aging Time 20
Interface   Role    Sts    Cost   Prio.Nbr   Type
---------------------------------------------------
Fa0/1       Desg    FWD    19     128.1      P2p      //Fa0/1 为指定端口,端口的优先级为 128,路
                                                      //径成本为 19(100Mbps 普通端口),FWD 表示
                                                      //处于转发状态
Fa0/2       Desg    FWD    19     128.2      P2p      //Fa0/2 为指定端口,FWD 表示处于转发状态
```

（2）查看 L2-SW 生成树配置（方法一配置结果）。

L2－SW♯ show spanning－tree vlan 1

```
VLAN0001
Spanning tree enabled protocol rstp
Root ID    Priority   1                         //当前生成树的根网桥的优先级为1,结果与
                                                //L3－SW查到的相同
           Address    00D0.9788.8C68            //当前生成树选举的根网桥的MAC地址的结果
                                                //与L3－SW查到的相同
           Cost       19                        //L2－SW到达根网桥(L3－SW)的路径成本
           Port       1(FastEthernet0/1)        //L2－SW通过本地F0/1到达根网桥
           Hello Time 2 sec Max Age 20 sec Forward Delay 15 sec

Bridge ID Priority 32769(priority 32768 sys－id－ext 1)   //当前网桥的优先级为32 769(优先级为:0＋
                                                //VLAN ID),即32 768＋1＝32 769
           Address    0001.9609.E829            //当前L2网桥的MAC地址
           Hello Time 2 sec Max Age 20 sec Forward Delay 15 sec Aging Time 20


Interface    Role    Sts    Cost    Prio.Nbr    Type
----------------------------------------------------
Fa0/1        Root    FWD    19      128.1       P2p    //Fa0/1为根端口,处于转发状态
Fa0/2        Altn    BLK    19      128.2       P2p    //Fa0/2为替代端口,处于阻塞状态
```

（3）测试 PC1 主机和 PC2 主机连通情况。配置 IP 地址如下。

• PC1 IP 地址：192.168.1.10。

• PC2 IP 地址：192.168.1.20。

PC1 输入 ping 192.168.1.20 -n 1000(-n 1000 表示 ping 1000 次),PC1 主机能 ping 通 PC2 主机,如图 6-2 所示。

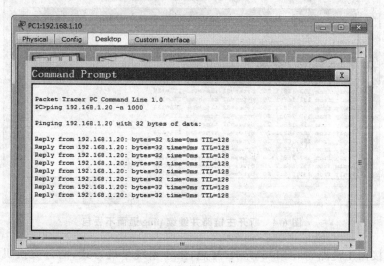

图 6-2　PC1 能 ping 通 PC2

（4）将主链路断开,如图 6-3 所示,PC1 和 PC2 能继续连通,如图 6-4 所示。不存在丢包现象,这是由于环路消失,快速生成树失效,不存在选举根交换机、根端口等现象。

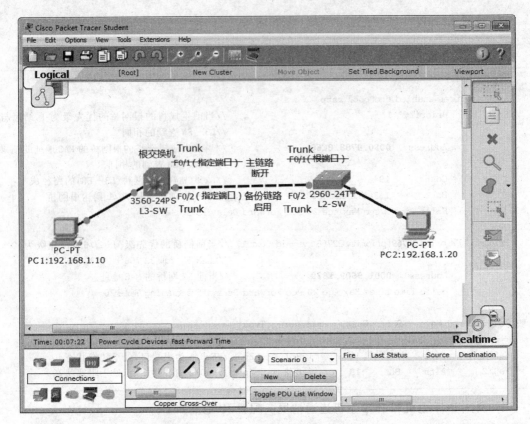

图 6-3　断开主链路

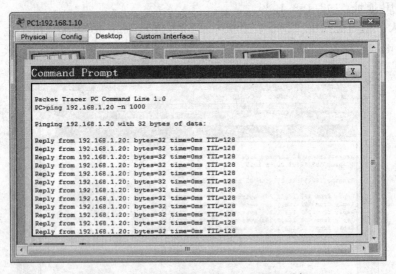

图 6-4　断开主链路并继续 ping 通而不丢包

（5）重新接回主链路，如图 6-5 所示（注意，由于系统呈现方式，两台交换机 F0/1 和 F0/2 已互换上下位置，但效果和图 6-1 一致）。继续观察 PC1 和 PC2 的连通状态，发现主机之间丢一个包后继续 ping 通，如图 6-6 所示。丢包是因为交换机检测到环路的存在，重新选举根交换机、根端口、指定端口、阻塞非根端口以及非指定端口等过程，快速生成树协议有 20ms 的收敛时间而导致丢包。

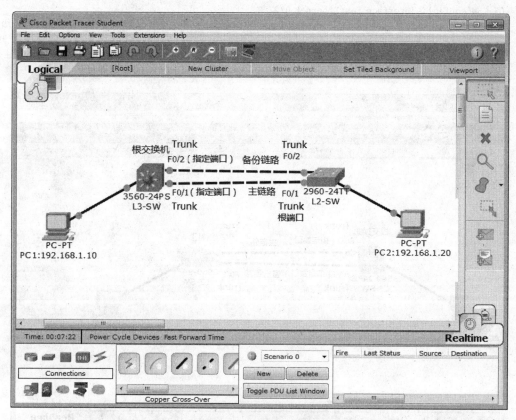

图 6-5　重新接回主链路

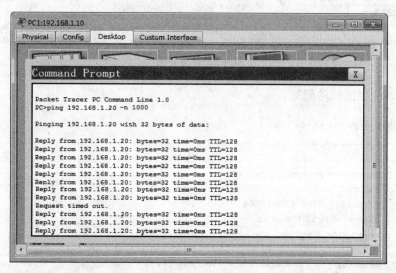

图 6-6　重新接回主链路会丢一个包

（6）现将二层交换机的 F0/2 端口设置为根端口，即在图 6-5 的基础上将主链路和备份链路对调，需降低交换机 L3-SW 的 F0/2 端口的优先级，新拓扑图如图 6-7 所示。注意，根端口角色并不是由自身交换机端口优先级决定的，而是由该端口所连接的对方交换机端口的优先级决定的，即由收到的对方端口 BPDU 中的优先级决定。其配置如下：

L3 − SW(config) ♯ interface fastEthernet 0/2
L3 − SW(config − if) ♯ spanning − tree vlan 1 port − priority 96　　//修改 VLAN 1 中 F0/2 端口优先级为
　　　　　　　　　　　　　　　　　　　　　　　　　　　　　　　　　//96。并非优先级一定要设为 96，
　　　　　　　　　　　　　　　　　　　　　　　　　　　　　　　　　//只要比默认的优先级 128 低且是
　　　　　　　　　　　　　　　　　　　　　　　　　　　　　　　　　//16 的倍数即可

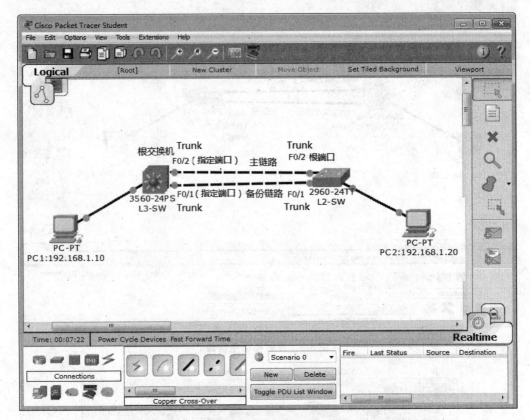

图 6-7　新拓扑图

查看 L3-SW 生成树的配置：

L3 − SW ♯ show spanning − tree vlan 1

```
VLAN0001
Spanning tree enabled protocol rstp
Root ID    Priority    1
           Address    00D0.9788.8C68
           This bridge is the root
           Hello Time 2 sec Max Age 20 sec Forward Delay 15 sec

Bridge ID  Priority    1 (priority 0 sys − id − ext 1)
           Address    00D0.9788.8C68            同
           Hello Time 2 sec Max Age 20 sec Forward Delay 15 sec
           Aging Time 20
Interface  Role    Sts    Cost    Prio.Nbr    Type
_____

Fa0/1      Desg    FWD    19      128.1       P2p
Fa0/2      Desg    FWD    19      96.2        P2p        // L3 − SW 的 F0/2 优先级已降为 96
```

查看 L2-SW 生成树的配置：

L2－SW♯show spanning－tree vlan 1

```
VLAN0001
Spanning tree enabled protocol rstp
Root ID    Priority 1
           Address   00D0.9788.8C68
           Cost      19
           Port      2(FastEthernet0/2)          //L2－SW通过本地 F0/2 到达根网桥
           Hello Time 2 sec Max Age 20 sec Forward Delay 15 sec
Bridge ID  Priority 32769(priority 32768 sys－id－ext 1)
           Address 0001.9609.E829
           Hello Time 2 sec Max Age 20 sec Forward Delay 15 sec Aging Time 20

Interface  Role   Sts   Cost  Prio.Nbr  Type
--------------------------------------------

Fa0/1      Altn   BLK   19    128.1     P2p     //Fa0/1 为替代端口,处于阻塞状态
Fa0/2      Root   FWD   19    128.2     P2p     //Fa0/2 为根端口,处于转发状态
```

【任务总结】

（1）思科生成树默认为开启状态,不需要命令启用,默认为生成树模式,不是快速生成树;锐捷设备生成树默认为关闭状态,需要输入命令 spanning-tree 启用它。

（2）假如采用锐捷设备做生成树实验,由于其生成树默认为关闭,必须先对交换机启用生成树后再接线,否则会造成广播风暴,导致无法通过 Console 口进行配置(交换机忙着处理转发广播风暴数据而无法响应客户端配置命令)。

（3）如果要关闭 VLAN 10 生成树,在配置模式下输入 no spanning-tree vlan 10。

（4）生成树和快速生成树的区别如表 6-3 所示。

表 6-3　生成树和快速生成树的区别

项　　目	生成树（STP）	快速生成树（RSTP）
协议类型	IEEE 802.1D	IEEE 802.1W
收敛时间	50s	20ms
端口分类	① 根端口 ② 指定端口	① 根端口 ② 指定端口 ③ 替代端口（根端口的后备） ④ 备份端口（指定端口的后备）

工作任务七

配置端口聚合

【工作目的】

理解端口聚合工作原理,掌握在交换机上配置端口聚合,避免链路拥堵。

【工作任务】

对跨交换机链路配置端口聚合以提高链路带宽,并实现链路冗余备份,减少单条链路转发速率过低或其他故障所导致的丢包现象。

【工作背景】

某企业采用一台二层交换机和三层交换机组建一个局域网,由于很多数据流量是跨交换机进行转发的。为避免跨交换机传输带来的网络带宽瓶颈,需要在交换机配置以太网通道(端口聚合)提高交换机之间的链路带宽,并基于目的 MAC 地址进行负载均衡。

【任务分析】

端口聚合是通过捆绑多条以太网链路以提高链路带宽的一种并行传输机制,将多条以太网端口捆绑成一条逻辑链路。目前存在两种链路聚合协议:一种是思科独有的 PAgP(Port Aggregation Protocol,端口聚合协议),另一种是基于 IEEE 802.3AD 的标准的 LACP(Link Aggregate Control Protocol,链路聚合控制协议)。两台交换机必须使用相同协议组建端口聚合(链路聚合),端口聚合有如下优点。

(1) 利用现有交换机端口提高连接速度,而不必更换设备。如交换机之间通过 4 个 10 00Mbps 端口连接,之间最大的带宽为 4Gbps,如图 7-1 所示。

(2) 只需对以太网通道进行配置,不需对各个端口单独配置。

(3) 以太网通道内部各个端口之间可以实现冗余备份。如交换机之间通过 4 个 1 000Mbps 端口连接,其中一条链路断开不会影响其余三条链路,数据也不会存在丢包现象,但带宽会降至 3 000Mbps。

(4) 可以对聚合的端口进行流量平衡。

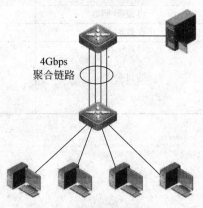

4Gbps
聚合链路

图 7-1 端口聚合图

- 根据源地址的流量平衡(同一主机走同一条路)。
- 根据目的地址的流量平衡(去同一地方走同一条路)。
- 根据源地址和目的地址的流量平衡(同一主机去同一地方走同一条路)。

　　思科的 PAgP 每组最多支持 8 条物理链路,如果是 100Mbps 的端口,汇聚后可达 800Mbps;如果是 1Gbps 的端口,汇聚后可达 8Gbps。基于 IEEE 802.3AD 的 LACP 每组最多支持 16 条物理链路汇聚(但只有 8 条工作,其余备份)。物理链路可以是双绞线,也可以是光纤,但要注意以下几点。

- 以太网通道成员端口速率和传输模式必须一致,即不能某些端口是 100Mbps,某些端口是 1 000Mbps;某些端口是全双工,某些端口是半双工。
- 以太网通道成员端口必须隶属于同一个 VLAN。
- 以太网通道成员端口使用的传输介质必须相同。
- 两台交换机必须协商使用相同协议组建端口聚合,否则无法通信。

【设备器材】

- 二层交换机 1 台。
- 三层交换机 1 层。
- PC 2 台。

【环境拓扑】

　　本工作任务拓扑图如图 7-2 所示。

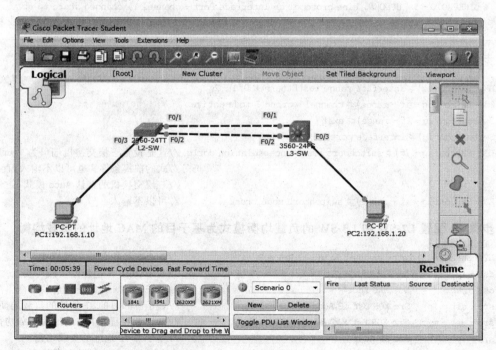

图 7-2　工作任务拓扑图

【工作步骤】

　　步骤 1:配置二层交换机和三层交换机的主机名(略)

　　步骤 2:在 L2-SW 配置端口聚合,并设置为 **Trunk** 模式

L2 - SW(config)♯interface range fastEthernet 0/1 - 2

```
L2-SW(config-if-range)#channel-group 1 mode active    //将接口 F0/1-2 加入端口聚合,协商模
                                                      //式为 Active,表示强制用 IEEE 802.3AD
                                                      //的标准 LACP 组建端口聚合,端口聚合
                                                      //的接口名称为 Port-channel 1。具体
                                                      //参数设置含义请参阅本节任务总结
```

```
Creating a port-channel interface Port-channel 1      //正在创建聚合端口 Port-channel 1
% LINEPROTO-5-UPDOWN: Line protocol on Interface FastEthernet0/1, changed state to down
% LINEPROTO-5-UPDOWN: Line protocol on Interface FastEthernet0/1, changed state to up
% LINEPROTO-5-UPDOWN: Line protocol on Interface FastEthernet0/2, changed state to down
% LINEPROTO-5-UPDOWN: Line protocol on Interface FastEthernet0/2, changed state to up
                                            //接口 F0/1-2 状态属性已改变
% LINK-5-CHANGED: Interface Port-channel 1, changed state to up
% LINEPROTO-5-UPDOWN: Line protocol on Interface Port-channel 1, changed state to up
                                            //Port-channel 1 已经创建好
```

```
Switch(config-if-range)#exit
L2-SW(config)#interface port-channel 1                //进入上述步骤创建的 Port-channel 1
L2-SW(config-if)#switchport mode trunk                //将 Port-channel 1 设置为 Trunk 模式
```

```
% LINEPROTO-5-UPDOWN: Line protocol on Interface Port-channel 1, changed state to down
% LINEPROTO-5-UPDOWN: Line protocol on Interface Port-channel 1, changed state to up
                                            //Port-channel 1 状态属性已改变为 Trunk 模式
```

步骤 3:在 L3-SW 配置端口聚合,并设置为 Trunk 模式

```
L3-SW(config)#interface range fastEthernet 0/1-2
L3-SW(config-if-range)#channel-group 1 mode active
Switch(config-if-range)#exit
Switch(config)#interface port-channel 1
L3-SW(config-if)#switchport trunk encapsulation dot1q  //这是设置三层交换机端口为 Trunk 模
                                                       //式的前提条件。也可以不输入,直接用
                                                       //三层交换机的默认 Auto 模式
L3-SW(config-if-range)#switchport mode trunk           //可以不输入
```

步骤 4:配置 L2-SW 和 L3-SW 的负载均衡模式为基于目的 MAC 地址的负载均衡

```
L2-SW(config)port-channel load-balance ?              //查看交换机负载均衡模式
dst-ip          Dst IP Addr                           //基于目的 IP 地址的负载均衡
dst-mac         Dst MAC Addr                          //基于目的 MAC 地址的负载均衡
src-dst-ip      Src XOR Dst IP Addr                   //基于源和目的 IP 地址的负载均衡
src-dst-mac     Src XOR Dst MAC Addr                  //基于源和目的 MAC 地址的负载均衡
src-ip          Src IP Addr                           //基于源 IP 地址的负载均衡
src-mac         Src MAC Addr                          //基于源 MAC 地址的负载均衡
L2-SW(config)#port-channel load-balance dst-mac
L3-SW(config)#port-channel load-balance dst-mac       //L2 与 L3 负载均衡方式可以不一样
```

【任务测试】

(1) 测试 PC1 和 PC2 的连通情况。配置 IP 地址如下。

• PC1 IP 地址:192.168.1.10。

• PC2 IP 地址：192.168.1.20。

PC1 输入 ping 192.168.1.20 -n 1000(-n 1000 表示 ping 1 000 次)命令，PC1 能 ping 通 PC2，如图 7-3 所示。

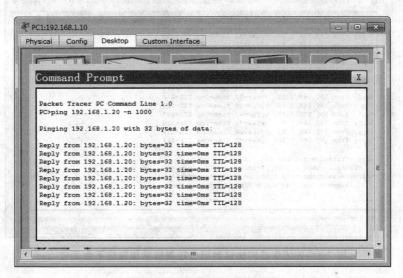

图 7-3　PC1 能 ping 通 PC2

(2) 将任意一条链路拆除，不会出现丢包现象。但是将拆除的链路重新接回时，发现丢包，如图 7-4 所示。其原因是交换机发现存在环路，默认启用生成树协议，选举过程导致数据包丢失(两台交换机 F0/1 和 F0/2 共 4 个端口，此时有 3 个端口指示灯呈绿色，1 个端口指示灯呈红色。红色表示生成树的阻塞端口)。选举完成后，启用端口聚合，逻辑上只有一条聚合链路，不存在闭合环路，生成树协议失效(此时有 4 个端口指示灯都呈绿色)。

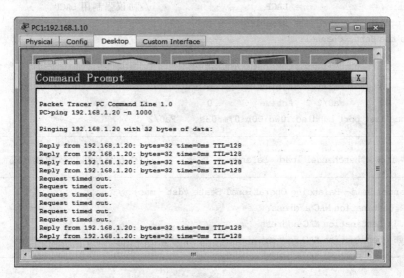

图 7-4　生成树和端口聚合共存时的丢包现象

(3) 如在日常应用中不想出现因重接链路导致的丢包现象，可以把生成树关闭，在 L2-SW 和 L3-SW 中输入 no spanning-tree vlan 1 命令即可，此时不管拆除链路还是重接链路，均不存在丢包现象，如图 7-5 所示。

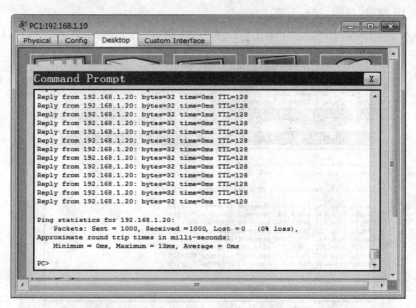

图 7-5　关闭生成树协议时聚合链路拆除和重接不会丢包

（4）验证配置。

L2 – SW ♯ show etherchannel port – channel　　　　　　　//查看交换机所有以太网通道

```
Age of the Port – channel    = 00d:00h:07m:56s
Logical slot/port            = 2/1 Number of ports = 2
GC                           = 0x00000000 HotStandBy port = null
Port state                   = Port – channel
Protocol                     = LACP                        //协议强制用 LACP
Port Security                = Disabled
Ports in the Port – channel:
Index    Load    Port     EC state       No of bits
-------+------+------+-----------+------------
0        00      Fa0/1    Active         0
0        00      Fa0/2    Active         0
Time since last port bundled: 00d:00h:07m:03s    Fa0/2
```

L2 – SW ♯ show etherchannel load – balance　　　　　　　//查看交换机负载均衡方式

```
EtherChannel Load – Balancing Operational State (dst – mac):
Non – IP: Destination MAC address
    IPv4: Destination MAC address
    IPv6: Destination MAC address
```

【任务总结】

（1）目前存在两种链路聚合协议：一种是思科独有的 PAgP，另一种是基于 IEEE 802.3AD 的标准的 LACP。

Switch(config – if) ♯ channel – protocol pagp　　　　　　//配置端口聚合只采用思科的 **PAgP**

```
Switch(config-if)#channel-protocol lacp          //配置端口聚合只采用标准的 LACP
```

上述命令很少用,因为交换机在组建端口聚合时应自动协商采用 PAgP 或 LACP,避免无法协商造成网络不通。

(2) 通过"channel-group 1 mode ?"命令查询聚合端口不同参数的协商模式。

```
L2-SW(config-if-range)#channel-group 1 mode ?
  active       Enable LACP unconditionally
  auto         Enable PAgP only if a PAgP device is detected
  desirable    Enable PAgP unconditionally
  on           Enable Etherchannel only
  passive      Enable LACP only if a LACP device is detected
```

对于 PAgP 协商时有 3 种模式,如表 7-1 所示。

表 7-1　PAgP 协商模式

参　数	协　商　模　式	协　商　特　点
Auto	当侦测到 PAgP 设备时只启用 PAgP 组建 EtherChannel 以太网通道(Auto 模式通用性最好,可理解为如对方是思科设备时优先使用 PAgP,具体采用哪种协议组建以太网通道以对方设备发出的协商信息为准)	被动协商,只收不发 PAgP 包(可以对接收到的 PAgP 做出响应,但是不能主动发送 PAgP 包进行协商)
Desirable	强制用 PAgP 组建 EtherChannel 以太网通道(思科推荐模式,通告对方本交换机只采用 PAgP,要求对方也采用相同协议)。注意,为保证网络融合,部分非思科设备也会集成 PAgP,并向思科缴纳专利费	主动协商,既收又发 PAgP 包
On	不协商任何协议,直接通过思科 PAgP 组建 EtherChannel 以太网通道(只有两个交换机端口都使用 On 模式组建的聚合链路才可用)	不协商

对于 LACP 协商时有两种模式,如表 7-2 所示。

表 7-2　LACP 协商模式

参　数	协　商　模　式	协　商　特　点
Active	强制用 LACP 组建 EtherChannel 以太网通道(相当于 PAgP 的 Desirable 模式,必须得到对方回应才能采用 LACP 协议)	主动协商,既收又发 LACP 包
Passive	当侦测到 LACP 设备时只启用 LACP 组建 EtherChannel 以太网通道(相当于 PAgP 的 Auto 模式,LACP 优先)	被动协商,只收不发 LACP 包

两台交换机在组建以太网通道时需要协商采用 PAgP 还是 LACP,协商时参数设置不正确会导致组建的聚合链路无法正常通信。如 Auto-Auto、On-On、Passive-Passive、Desirable-Desirable/Auto、Active-Active/Passive 一定可以组建正确的 EtherChannel,其他参数搭配可能不能形成正确的聚合链路(视具体设备而定)。

注意:相同协议、相同参数一定能通,其他参数组合可能不通。

(3) 当交换机配置端口聚合且启用生成树后的过程为:交换机发现闭合回路,先进行选举,生成树生效,然后再执行端口聚合操作,逻辑上看成一条通路,生成树失效。端口聚合和生成树并不冲突,如图 7-6 所示。L2-SW1 和 L2-SW2 聚合链路用于拓展内网主机之间带宽,逻辑上看成是一条链路。L2-SW1、L2-SW2 和 L3-SW 三台交换机构成闭合回路,生成树生效,此时 L2-SW1 和 L2-SW2 既执行了生成树协议,又执行了端口聚合操作。当 PC1 和 PC2 互通时走聚合链路,当需要连接外网时都通过主链路连接至路由器。

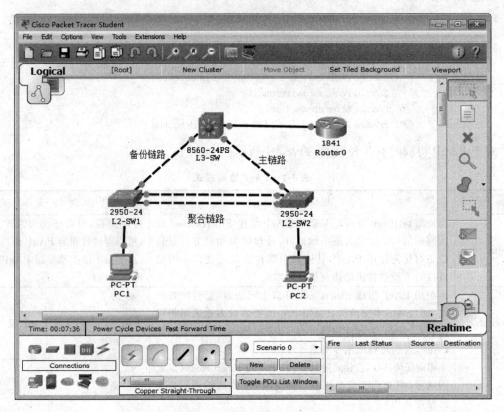

图 7-6　局域网典型拓扑图

（4）组建聚合链路的两台交换机可以使用不同的负载均衡方式。本工作任务 L2-SW 和 L3-SW 假如各自使用不同的负载均衡方式,可能会导致数据往返走不同路径的现象,但不会影响 PC1 和 PC3 之间的连通性。

（5）设置负载均衡应在交换机全局配置模式 Switch(config)#下设置,而不应在配置接口模式 Switch(config-if)#下配置。

路由器的基本操作

【工作目的】

理解路由器工作原理,掌握路由器命令行各种操作模式区别,能够使用各种帮助信息,以及命令进行基本配置。

【工作任务】

熟悉路由器各种不同配置模式,以及如何在配置模式之间切换;使用命令对路由器进行基本配置,并熟悉命令行界面操作技巧。

【工作背景】

某公司新购入一批路由器,该公司要求网络管理员熟悉新设备,并登录路由器了解和掌握命令行操作模式,进行路由器设备名配置,查看登录描述信息,查看接口 IP 配置等基本参数。

【任务分析】

新购路由器在第一次配置时,必须通过 Console 口进行配置。通过配置线缆连接计算机 COM 口与路由器 Console 口,用操作系统提供的超级终端工具登录路由器命令行界面进行配置。

【设备器材】

- 路由器 1 台。
- PC 2 台。

【环境拓扑】

本工作任务拓扑图如图 8-1 所示。

【工作原理】

路由器管理方式分为带内管理和带外管理两种。通过路由器 Console 口管理路由器属于带外管理,它的优点是不占用路由器网络接口和带宽,缺点是需采用特殊的 Console 线缆近距离配置。第一次配置路由器时必须利用 Console 口进行配置。路由器命令行操作模式包括用户模式、特权模式、全局配置模式、端口模式等几种。

- 用户模式:进入路由器后后默认第一级模式。该模式下可以简单查看路由器软、硬件版本信息,进行简单测试。用户模式提示符为"Router>"。
- 特权模式:用户模式的下一级模式,该模式下可以对路由器配置文件进行管理,查看

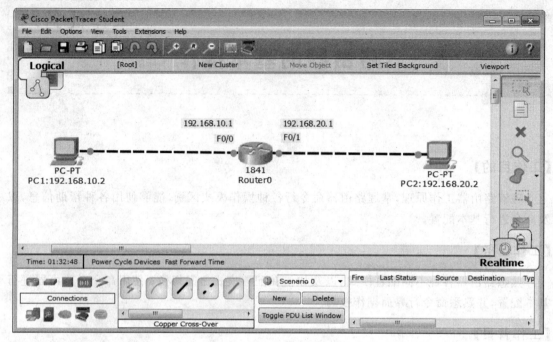

图 8-1　工作任务拓扑图

路由器配置信息,进行网络测试和调试等。特权模式提示符为"Router♯"。
- 全局配置模式:属于特权模式的下一级模式,该模式下可以配置路由器全局性参数(如主机名、登录信息等)。全局模式提示符为"Router(config)♯"。
- 端口模式:属于全局模式的下一级模式,该模式下可以对路由器端口进行参数配置。

路由器基本操作命令及注意事项包括如下几点。
- Exit 命令是退回到上一级操作模式。
- End 命令是直接退回到特权模式。
- 路由器命令行支持获取帮助信息、命令简写、命令自动补齐、快捷键功能。配置路由器设备名称和路由器描述信息必须在全局配置模式下执行。
- Hostname 配置路由器设备名称,即命令提示符之前的部分信息。
- 当用户登录路由器时,需要向用户提示必要信息。网管可以通过设置标题达到这一目的。可以创建每日通知和登录标题两种类型标题。
  - Banner motd:配置路由器每日提示信息。
  - Banner login:配置路由器远程登录提示信息,位于每日提示信息之后。
- 路由器 FastEthernet 接口默认情况下是 10/100Mbps 自适应端口,双工模式也为自适应。
- 在路由器物理端口可以灵活配置带宽,但最大值为该端口实际物理带宽。
- 查看路由器系统和配置信息命令要在特权模式下执行。
  - show version:查看路由器的版本信息。可以查看到路由器硬件版本信息和软件版本信息,用于进行路由器操作系统升级时的依据。
  - show ip route:查看路由表。

- show running-config：查看路由器当前生效的配置信息。
- show ip interface brief：查看路由器接口 IP 信息。

【工作步骤】

步骤 1：路由器命令行的基本功能

Router >?　　　　　　　　　　　　　　　　//使用"?"查询当前模式所有可被执行的命令

```
Exec commands:                         //可执行的命令
  <1-99>      Session number to resume
  connect     Open a terminal connection
  disable     Turn off privileged commands
  disconnect  Disconnect an existing network connection
  enable      Turn on privileged commands
  exit        Exit from the EXEC
  logout      Exit from the EXEC
  ping        Send echo messages
  resume      Resume an active network connection
  show        Show running system information
  ssh         Open a secure shell client connection
  telnet      Open a telnet connection
  terminal    Set terminal line parameters
  traceroute  Trace route to destination
```

Router > e?　　　　　　　　　　　　　　　//显示当前模式下所有以 e 开头的命令
enable exit
Router > en < Tab >　　　　　　　　　　　//通过 Tab 键自动补齐命令
Router > enable　　　　　　　　　　　　　//路由器自动补齐 enable 命令并进入特权模式
Router # copy ?　　　　　　　　　　　　　//显示 copy 命令后可执行的所有参数

```
Flash:          Copy from flash: file system
ftp:            Copy from ftp: file system
running-config  Copy from current system configuration
startup-config  Copy from startup configuration
tftp:           Copy from tftp: file system
```

Router # copy　　　　　　　　　　　　　　//用户输入不完整的命令
% Incomplete command.　　　　　　　　　//系统提示命令未完，必须附带参数
Router # conf t　　　　　　　　　　　　　//只要能与其他命令区分，路由器支持命令简写，代表
　　　　　　　　　　　　　　　　　　　　//configure terminal
Enter configuration commands, one per line. End with CNTL/Z.
Router(config) # hostname RouterA　　　//将路由器的名称设置为 RouterA
RouterA(config) # banner motd &　　　　//设置每日提示信息，"&"为自定义终止符，告诉路由器
　　　　　　　　　　　　　　　　　　　　//当输入"&"时表示输入结束
Enter TEXT message. End with the character '&'.　　//路由器系统提示
Welcome to RouterA, if you are admin, you can config it.　//用户输入每日提示信息的第一行
If you are not admin, please EXIT.　　　　//用户输入每日提示信息的第二行
&　　　　　　　　　　　　　　　　　　　//用户输入"&"告诉系统输入结束

验证测试：

```
RouterA(config)#end                                    //退到特权模式
RouterA#exit                                            //退到用户模式
```

```
Welcome to RouterA,if you are admin,you can config it.     //每日提示信息
If you are not admin,please EXIT.
RouterA>
```

步骤 2：配置 RouterA 路由器接口 IP 并查看接口配置

```
RouterA#configure terminal
Enter configuration commands, one per line. End with CNTL/Z.
RouterA(config)#interface fastEthernet 0/0
RouterA(config-if)#ip address 192.168.10.1 255.255.255.0  //配置接口的 IP 地址和子网掩码
RouterA(config-if)#no shutdown                             //加载 IP 地址配置信息
RouterA(config-if)#exit
RouterA(config)#interface fastEthernet 0/1
RouterA(config-if)#ip address 192.168.20.1 255.255.255.0
RouterA(config-if)#no shutdown
RouterA(config-if)#end
RouterA#show interfaces fastEthernet 0/0                   //查看 F0/0 接口状态
```

```
FastEthernet0/0 is up, line protocol is up (connected)    //第一个 up(物理连接)表示线路已经
                                                          //接好；第二个 up(逻辑连接)表示 F0/0
                                                          //接口与 PC2 采用的协议(IP 协议或其
                                                          //他协议)相同,可以进行数据传输。如
                                                          //提示 line protocol is down,则需检查
                                                          //接口是否配置 IP,是否输入 no shutdown,
                                                          //或者是否封装其他协议导致无法与线
                                                          //缆另一端设备通信
  Hardware is Lance, address is 0002.17b0.1301 (bia 0002.17b0.1301)
  Internet address is 192.168.10.1/24          //24 表示子网掩码有 24 个 1,即 255.255.255.0
  MTU 1500 bytes, BW 100000 Kbit, DLY 100 usec,
  eliability 255/255, txload 1/255, rxload 1/255
  Encapsulation ARPA, loopback not set
  ARP type: ARPA, ARP Timeout 04:00:00,
  Last input 00:00:08, output 00:00:05, output hang never
  Last clearing of "show interface" counters never
  Input queue: 0/75/0 (size/max/drops); Total output drops: 0
  Queueing strategy: fifo
    Output queue :0/40 (size/max)
    5 minute input rate 0 bits/sec, 0 packets/sec
    5 minute output rate 0 bits/sec, 0 packets/sec
      0 packets input, 0 bytes, 0 no buffer
      Received 0 broadcasts, 0 runts, 0 giants, 0 throttles
      0 input errors, 0 CRC, 0 frame, 0 overrun, 0 ignored, 0 abort
      0 input packets with dribble condition detected
      0 packets output, 0 bytes, 0 underruns
      0 output errors, 0 collisions, 1 interface resets
      0 babbles, 0 late collision, 0 deferred
      0 lost carrier, 0 no carrier
      0 output buffer failures, 0 output buffers swapped out
```

步骤 3：查看 RouterA 路由器接口 IP

RouterA♯show ip interface brief

```
Interface        IP-Address      OK?   Method   Status                      Protocol
FastEthernet0/0  192.168.10.1    YES   manual   up                          up
FastEthernet0/1  192.168.20.1    YES   manual   up                          up
Vlan1            unassigned      YES   NVRAM    administratively down        down
```

步骤 4：查看 RouterA 路由表

RouterA♯show ip route　　　　　　　　　　　　　　　//查看路由表信息

```
Codes: C - connected, S - static, I - IGRP, R - RIP, M - mobile, B - BGP
       D - EIGRP, EX - EIGRP external, O - OSPF, IA - OSPF inter area
       N1 - OSPF NSSA external type 1, N2 - OSPF NSSA external type 2
       E1 - OSPF external type 1, E2 - OSPF external type 2, E - EGP
       i - IS-IS, L1 - IS-IS level-1, L2 - IS-IS level-2, ia - IS-IS inter area
       * - candidate default, U - per-user static route, o - ODR
       P - periodic downloaded static route
Gateway of last resort is not set
```

C   192.168.10.0/24 is directly connected, FastEthernet0/0
C   192.168.20.0/24 is directly connected, FastEthernet0/1

【任务测试】

测试 PC1 和 PC2 连通情况。配置 IP 地址如表 8-1 所示。

表 8-1　PC1 和 PC2 的 IP 地址配置情况

配　置　项	PC1	PC2
IP 地址	192.168.10.2	192.168.20.2
子网掩码	255.255.255.0	255.255.255.0
网关	192.168.10.1	192.168.20.1

PC1 能 ping 通 PC2，TTL 值为 127，表示之间经过 1 个路由器转发，如图 8-2 所示。

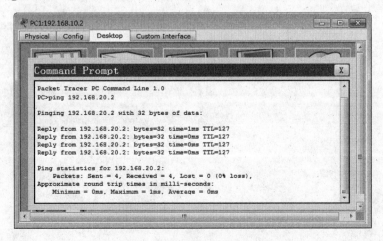

图 8-2　PC1 能 ping 通 PC2

【任务总结】

（1）命令行操作进行自动补齐或命令简写时，要求所简写的字母必须能够区别该命令，如Router♯conf 可以代表 configure，但 Router♯co 无法代表 configure，因为 co 开头的命令有两个，即 copy 和 configure，设备无法区别。

（2）路由器不可以跨模式执行命令，注意区别每个操作模式下可执行的命令种类。

（3）配置设备名称的有效字符是 22 个字符。

（4）配置每日提示信息时，注意终止符不能在描述文本中出现。如果输入结束终止符后再输入字符，终止符后的字符将被系统丢弃。

在路由器上配置 Telnet

【工作目的】

掌握如何配置路由器的密码,配置 Telnet 服务相关参数,以及如何通过 Telnet 远程登录路由器进行操作的方法和步骤。

【工作任务】

在路由器上配置 Telnet,以实现路由器的远程登录访问。

【工作背景】

路由器用于连接多个子网时,通常放置位置较远,查看和修改配置会很麻烦。此时管理员可以使用 Telnet 远程连接到路由器进行远程配置和管理,大大降低了管理成本。

【任务分析】

将两台路由器通过串口用 V.35 DCE/DTE 线缆连接在一起,分别配置 Telnet,可以互相以 Telnet 方式登录对方路由器。

路由器提供广域网接口(Serial 高速同步串口),使用 V.35 DCE/DTE 线缆连接广域网接口链路。广域网连接时一端为 DCE(数据通信设备)、一端为 DTE(数据终端设备),要求在 DCE 端配置时钟频率(clock rate)才能保证链路的连通。

一般路由器上都需要配置登录密码来保护设备,防止别人有意或无意地对路由器远程接入配置造成安全性问题。配置 Telnet 服务,使管理员能够通过 Telnet 远程登录路由器并进行操作。

【设备器材】

- 1841 路由器 2 台。
- V.35 DCE/DTE 线缆 1 对。

注意:1841 路由器默认没有串口接口,需关闭路由器电源后将列表中的 WIC-1T 串口模块拖到路由器扩展槽中,再开启路由器电源,如图 9-1 所示。

【环境拓扑】

本工作任务拓扑图如图 9-2 所示。

串口时钟在 DCE 端进行路由器配置,谁为 DCE、谁为 DTE 不是由路由器决定的,也不可将路由器强制配置成 DCE 或 DTE 设备。V.35 线缆分为 DCE 端和 DTE 端,接在线缆 DCE 端的路由器将作为 DCE 设备,同理,接在线缆 DTE 端的路由器将作为 DTE 设备。Packer

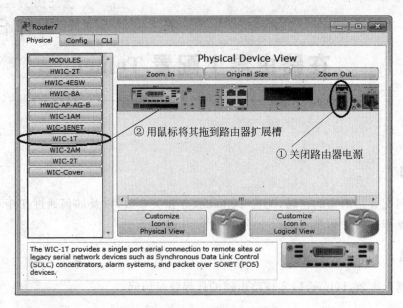

图 9-1　在路由器添加串口模块

Tracer 有 DCE 线缆和 DTE 线缆两种,如图 9-2 所示。如采用 DCE 线缆(有时钟标识),先接的路由器作为 DCE,后接的路由器作为 DTE;同理,如采用 DTE 线缆(没有时钟标识),先接的路由器作为 DTE,后接的路由器作为 DCE。

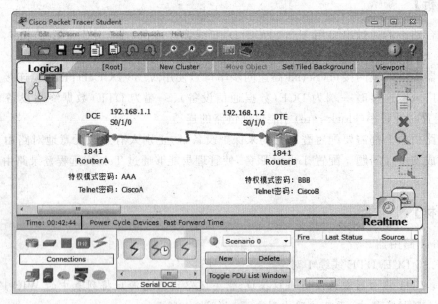

图 9-2　工作任务拓扑图

【工作步骤】

步骤 1:RouterA 上的基本配置

```
Router # configure terminal
Enter configuration commands, one per line. End with CNTL/Z.
```

```
Router(config)＃hostname RouterA
RouterA(config)＃interface serial 0/1/0        //进入串口 S0/1/0
RouterA(config-if)＃clock rate 64000          //配置 DCE 端时钟频率,频率越大传输速率越快,64 000
                                               //表示速率为 64 000bps,即 64Kbps。由于路由器有默认
                                               //时钟,并且两台路由器型号一样,所支持的时钟肯定一
                                               //样,因此可以不配时钟。传输速率与带宽没有直接联系
RouterA(config-if)＃ip address 192.168.1.1 255.255.255.0
RouterA(config-if)＃no shutdown
RouterA(config-if)＃exit
RouterA(config)＃
```

步骤 2：在 RouterB 上的基本配置

```
Router＃
Router＃configure terminal
Enter configuration commands, one per line. End with CNTL/Z.
Router(config)＃hostname RouterB
RouterB(config)＃interface serial 0/1/0
RouterB(config-if)＃ip address 192.168.1.2 255.255.255.0
RouterB(config-if)＃no shutdown
RouterB(config-if)＃exit
RouterB(config)＃
```

步骤 3：在 RouterA 上配置 Telnet

```
RouterA(config)＃enable password AAA          //配置特权模式密码,区分大小写
RouterA(config)＃line vty 0 4
RouterA(config-line)＃password CiscoA          //配置 Telnet 密码
RouterA(config-line)＃login
RouterA(config-line)＃end
RouterA＃
```

步骤 4：在 RouterB 上配置 Telnet

```
RouterB(config)＃enable password BBB
RouterB(config)＃line vty 0 4
RouterB(config-line)＃password CiscoB
RouterB(config-line)＃login
RouterB(config-line)＃end
RouterB＃
```

【任务测试】

（1）在路由器上测试网络连通性。

```
RouterA＃
RouterA＃ping 192.168.1.2                       //在 RouterA 上测试与 RouterB 的连通性
```

```
Type escape sequence to abort.
Sending 5, 100-byte ICMP Echos to 192.168.1.2, timeout is 2 seconds:
!!!!!                                          //"!!!!!"表示 5 个 echo 包都通,"....."表示 5 个 echo
                                               //包都不通
Success rate is 100 percent (5/5), round-trip min/avg/max = 8/63/252 ms
RouterA＃
```

```
RouterB＃ping 192.168.1.1                       //在 RouterB 上测试与 RouterA 的连通性
```

```
Type escape sequence to abort.
Sending 5, 100 - byte ICMP Echos to 192.168.1.1, timeout is 2 seconds:
!!!!!
Success rate is 100 percent (5/5), round - trip min/avg/max = 8/60/252 ms
RouterB#
```

（2）在 RouterA 上以 Telnet 方式登录 RouterB。

RouterA#telnet 192.168.1.2

```
Trying 192.168.1.2 ... Open
User Access Verification
Password:                                //提示输入 Telnet 密码,输入 CiscoB
RouterB>enable
Password:                                //提示输入进入特权模式密码,输入 BBB
RouterB#                                 //已进入 RouterB,可进行路由器配置
RouterB#configure terminal
Enter configuration commands, one per line. End with CNTL/Z.
RouterB(config)#exit
RouterB#exit                             //退出远程登录路由器 RouterB
[Connection to 192.168.1.2 closed by foreign host]
RouterA#
```

（3）在 RouterB 上以 Telnet 方式登录 RouterA。

RouterB#telnet 192.168.1.1

```
Trying 192.168.1.1 ... Open
User Access Verification
Password:                                //提示输入 Telnet 密码,输入 CiscoA
RouterA>enable
Password:                                //提示输入进入特权模式密码,输入 AAA
RouterA#                                 //已进入 RouterA,可进行路由器配置
RouterA#configure terminal
Enter configuration commands, one per line. End with CNTL/Z.
RouterA(config)#exit
```

```
RouterA#exit                             //退出远程登录 RouterA
[Connection to 192.168.1.1 closed by foreign host]
RouterB#
```

【任务总结】

（1）如果两台路由器通过串口直接相连,以下两种情况必须在 DCE 端设置时钟频率:

① 路由器没有默认时钟。

② 两台路由器有默认时钟,但型号不一样,要选择两台路由器都支持的时钟频率。

（2）如果路由器没有设置 Telnet 密码,则登录时会提示"Password required,but none set",客户端永远无法登录。

（3）如果路由器没有配置特权模式密码,则用 Telnet 连接至该路由器后,永远不能进入特权模式,并提示"Password required,but none set"。

静态路由配置

【工作目的】

理解静态路由的工作原理,掌握静态路由的配置,以实现跨网段通信。

【工作任务】

在路由器上配置静态路由,实现不同网段的通信。

【工作背景】

某学校为了开展计算机教学和网络办公,建立了一个计算机教室和一个办公区,这两处计算机网络通过两台路由器互联组成校园网。为实现计算机教室子网与办公区子网互通,需在路由器上配置静态路由。

静态路由是指管理员手动配置和维护的路由。静态路由配置简单,并且无须向动态路由那样占用路由器的 CPU 资源来计算和分析路由更新。静态路由一般适用于结构简单的网络。在复杂网络环境中,一般会使用动态路由协议来生成动态路由,也会合理地配置一些静态路由来改进网络的性能。

假设校园网分为 2 个区域,每个区域内使用 1 台路由器连接 2 个子网,现要在路由器上做适当配置,实现校园网内各个区域子网之间的相互通信。

【任务分析】

路由器属于网络层设备,用于实现异构网络之间的联结。路由器根据数据包目的 IP 地址计算最佳路径并转发至下一路由器,以一跳一跳接力的方式将数据包从源节点投递至目的节点。路由器根据路由表进行择路转发,路由表有以下三种产生方式。

- 直连路由:与路由器直接连接的网段称为直连网段,路由器自动产生本地接口网段路由信息,即直连路由(必须在本地接口配置 IP 地址才会出现直接路由信息)。
- 静态路由:静态路由是在建立连接前由管理员预先指定路由表信息。静态路由配置简单,但无法适应网络动态变化,不能根据网络流量和拓扑变化调整路由,一般适用于小型网络或拓扑结构相对稳定的网络中。
- 动态路由:动态路由是路由器根据网络当前状态变化动态做出的路径选择,通过接收网络中相邻路由器路径信息定期更新自身路由表,以此适应网络拓扑变化,适应于大型、复杂多变的网络环境。

【设备器材】

- 1841 路由器 2 台(添加 WIC-1T 串口模块)。

· PC 4 台。

【环境拓扑】

本工作任务拓扑图如图 10-1 所示。

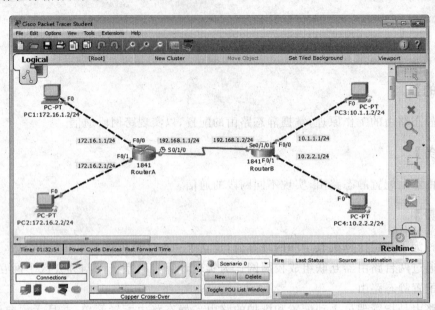

图 10-1　工作任务拓扑图

【工作步骤】

步骤 1：RouterA 的基本配置

```
Router#configure terminal
Router(config)#hostname RouterA
RouterA(config)#interface serial 0/1/0
RouterA(config-if)#clock rate 64000                       //也可以不配置时钟频率
RouterA(config-if)#ip address 192.168.1.1 255.255.255.0
RouterA(config-if)#no shutdown
RouterA(config-if)#exit
RouterA(config)#interface fastethernet 0/0
RouterA(config-if)#ip address 172.16.1.1 255.255.255.0  //注意可变长子网掩码(VLSM)
RouterA(config-if)#no shutdown
RouterA(config-if)#exit
RouterA(config)#interface fastethernet 0/1
RouterA(config-if)#ip address 172.16.2.1 255.255.255.0  //注意可变长子网掩码(VLSM)
RouterA(config-if)#no shutdown
RouterA(config-if)#exit
```

步骤 2：RouterB 的基本配置

```
Router#configure terminal
Router(config)#hostname RouterB
RouterB(config)#interface serial 0/1/0
RouterB(config-if)#ip address 192.168.1.2 255.255.255.0
RouterB(config-if)#no shutdown
```

```
RouterB(config-if)#exit
RouterB(config)#interface fastethernet 0/0
RouterB(config-if)#ip address 10.1.1.1 255.255.255.0    //注意可变长子网掩码(VLSM)
RouterB(config-if)#no shutdown
RouterB(config-if)#exit
RouterB(config)#interface fastethernet 0/1
RouterB(config-if)#ip address 10.2.2.1 255.255.255.0    //注意可变长子网掩码(VLSM)
RouterB(config-if)#no shutdown
RouterB(config-if)#exit
```

步骤3：配置两台路由器的静态路由

此步骤有以下两种方法,可选择其中任意一种方法。

方法一：静态路由采用下一跳 IP 地址或本地接口。

```
RouterA(config)#ip route 10.1.1.0 255.255.255.0 192.168.1.2    //配置到子网10.1.1.0的静态路由。
                                                               //静态路由书写格式1:ip route +
                                                               //目的 IP 段网络掩码+下一跳 IP。
                                                               //其中,网络掩码1表示精确,0表示
                                                               //不精确。网络掩码255.255.255.0
                                                               //表示精确到10网络中1.1子网,
                                                               //即10.1.1.0网段。注意区分网络
                                                               //掩码与子网掩码两个概念的不同。
                                                               //整句静态路由的涵义:要抵达
                                                               //10.1.1.0网段,需将数据包转发
                                                               //给下一跳 IP(192.168.1.2)
RouterA(config)#ip route 10.2.2.0 255.255.255.0 s0/1/0        //配置到子网10.2.2.0的静态路由。
                                                               //静态路由书写格式2:ip route +
                                                               //目的 IP 段网络掩码+本地接口名
                                                               //称。整句静态路由的涵义:要抵达
                                                               //10.2.2.0网段,要将数据包从本地
                                                               //S0/1/0接口发出去

RouterB(config)#ip route 172.16.1.0 255.255.255.0 192.168.1.1
RouterB(config)#ip route 172.16.2.0 255.255.255.0 s0/1/0
```

方法二：静态路由采用默认路由(一种特殊的静态路由)。

对于 RouterA 而言,由于两条路由下一跳 IP 相同,可将以下两条路由合成为一条默认路由。

① RouterA(config)#ip route 10.1.1.0 255.255.255.0 <u>192.168.1.2</u>
② RouterA(config)#ip route 10.2.2.0 255.255.255.0 <u>192.168.1.2</u>

即

```
RouterA(config)#ip route 0.0.0.0 0.0.0.0 192.168.1.2    //第一个0.0.0.0表示目的网段是
                                                         //任意的,第二个0.0.0.0是网络
                                                         //掩码。0表示不精确,24个0表示
                                                         //目的网段所有位都不精确,即目
                                                         //的网段是任意的。注:①、②仅用
                                                         //于举例,不必输入
```

同理,对于 RouterB 而言,由于两条路由从本地发出的接口相同,可将以下两条路由合成为一条默认路由。

① RouterB(config)#ip route 172.16.1.0 255.255.255.0 <u>s0/1/0</u>
② RouterB(config)#ip route 172.16.1.0 255.255.255.0 <u>s0/1/0</u>

即

RouterB(config)♯ip route 0.0.0.0 0.0.0.0 s0/1/0   //注:①、②仅用于举例,不必输入

【任务测试】

（1）查看 RouterA 的路由表（方法一的配置结果）。

RouterA(config)♯do show ip route   //在配置模式下也可以使用 show 命令,但前面要加 do

```
Codes: C - connected, S - static, I - IGRP, R - RIP, M - mobile, B - BGP
       D - EIGRP, EX - EIGRP external, O - OSPF, IA - OSPF inter area
       N1 - OSPF NSSA external type 1, N2 - OSPF NSSA external type 2
       E1 - OSPF external type 1, E2 - OSPF external type 2, E - EGP
       i - IS-IS, L1 - IS-IS level-1, L2 - IS-IS level-2, ia - IS-IS inter area
       * - candidate default, U - per-user static route, o - ODR
       P - periodic downloaded static route
Gateway of last resort is not set
     10.0.0.0/24 is subnetted, 2 subnets
S       10.1.1.0 [1/0] via 192.168.1.2

S       10.2.2.0 is directly connected, Serial0/1/0

     172.16.0.0/24 is subnetted, 2 subnets
C       172.16.1.0 is directly connected, FastEthernet0/0
C       172.16.2.0 is directly connected, FastEthernet0/1
C       192.168.1.0/24 is directly connected, Serial0/1/0
```

//提示 10 网段包含两个子网

//S 表示静态路由。其中,在"[1/0]"中,
//1 表示管理距离,管理距离用于衡量路由
//可信度,静态路由的管理距离为 1,最可
//信(静态路由由管理员手动添加),RIP 路
//由管理距离为 120,OSPF 路由管理距离
//为 110;0 表示路径开销,静态路由默认
//开销值(度量值)为 0

//如在静态路由中采用从某接口的配置
//方式,路由器会认为该目的网段是直
//连路由

//172.16.1.0 是直连路由,抵达 172.16.1.0
//网段从 F0/0 接口发出去

（2）查看 RouterB 的路由表（方法一的配置结果）。

RouterB♯ show ip route

```
Codes: C - connected, S - static, I - IGRP, R - RIP, M - mobile, B - BGP
       D - EIGRP, EX - EIGRP external, O - OSPF, IA - OSPF inter area
       N1 - OSPF NSSA external type 1, N2 - OSPF NSSA external type 2
       E1 - OSPF external type 1, E2 - OSPF external type 2, E - EGP
       i - IS-IS, L1 - IS-IS level-1, L2 - IS-IS level-2, ia - IS-IS inter area
       * - candidate default, U - per-user static route, o - ODR
       P - periodic downloaded static route
Gateway of last resort is not set
     10.0.0.0/24 is subnetted, 2 subnets
C       10.1.1.0 is directly connected, FastEthernet0/0
C       10.2.2.0 is directly connected, FastEthernet0/1
     172.16.0.0/24 is subnetted, 2 subnets
S       172.16.1.0 [1/0] via 192.168.1.1
S       172.16.2.0 is directly connected, Serial0/1/0
C       192.168.1.0/24 is directly connected, Serial0/1/0
```

（3）测试 4 台主机的连通性。

PC1、PC2、PC3 和 PC4 的 IP 配置如表 10-1 所示。

表 10-1   PC1、PC2、PC3 和 PC4 的 IP 地址配置情况

配 置 项	PC1	PC2	PC3	PC4
IP 地址	172.16.1.2	172.16.2.2	10.1.1.2	10.2.2.2
子网掩码	255.255.255.0	255.255.255.0	255.255.255.0	255.255.255.0
网关	172.16.1.1	172.16.2.1	10.1.1.1	10.2.2.1

测试结果为全网段互通。其中，PC1 ping PC3/PC4 的 TTL 值为 126（经过两个路由器转发），如图 10-2 所示；PC2 ping PC3/PC4 的 TTL 值为 126，如图 10-3 所示；PC1 ping PC2 的 TTL 值为 127，PC3 ping PC4 的 TTL 值为 127。

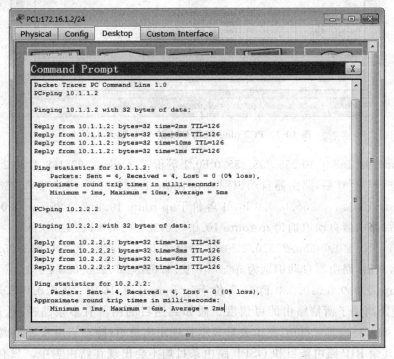

图 10-2   PC1 ping PC3/PC4 的 TTL 值为 126

【任务总结】

（1）区分子网掩码与网络掩码定义。子网掩码用 1 表示网络位，0 表示主机位用来确定主机具体 IP 地址是否划分掩码，如 172.16.1.10 255.255.255.0 表示主机处于 172.16 网段中第 1 子网的第 10 台主机。网络掩码 1 表示精确，0 表示不精确，如 172.16.1.0 255.255.255.0 表示精确到 172.16 网段中第 1 子网。子网掩码设置对象是某一个具体 IP，网络掩码设置对象是某一段 IP 集合。

路由器会把目标网段号与网络掩码做相与计算。以下例子请读者思考并理解：

① ip route 172.16.1.0 255.255.0.0 F0/1 等价于 ip route 172.16.2.0 255.255.0.0 F0/1。此时进行与运算后，路由器自动识别为 ip route 172.16.0.0 255.255.0.0 F0/1。

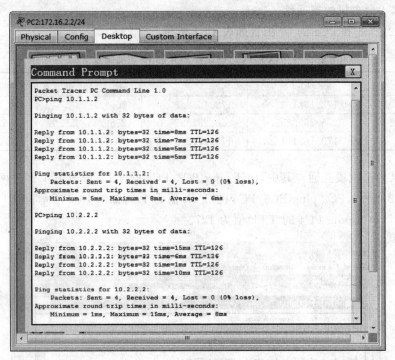

图 10-3　PC2 ping PC3/PC4 的 TTL 值为 126

②ip route 192.168.1.10 255.255.255.0 F0/1 等价于 ip route 192.168.1.20 255.255.255.0 F0/1。此时进行与运算后,路由器自动识别为 ip route 192.168.1.0 255.255.255.0 F0/1。

③ip route 10.1.1.0 255.0.0.0 F0/1 等价于 ip route 10.2.2.0 255.0.0.0 F0/1。此时进行与运算后,路由器自动识别为 ip route 10.0.0.0 255.0.0.0 F0/1。

④ip route 10.1.1.0 255.255.0.0 F0/1 等价于 ip route 10.1.2.0 255.255.0.0 F0/1。此时进行与运算后,路由器自动识别为 ip route 10.1.0.0 255.255.0.0 F0/1。

⑤ip route 0.0.0.0 0.0.0.0 F0/1 等价于 ip route 172.16.1.0 0.0.0.0 F0/1。

(2)管理距离用于衡量路由的可信度。假如到达目的网段有多条路径,通过静态路由、RIP 路由和 OSPF 路由都可抵达,路由表只显示管理距离最短(静态路由管理距离值默认为1)的路由条目,其余 RIP 路由条目和 OSPF 路由条目均不会出现在路由表中。只有当静态路由被删除时,OSPF 路由条目(管理距离为 110)才会出现在路由表中;只有当静态路由和 OSPF 路由都被删除时,RIP 路由条目(管理距离为 120)才会出现在路由表中。

(3)默认路由是静态路由中的一种,优先级最低。

(4)静态路由必须双向都配置才能互通,在配置时注意回程路由。

(5)配置了某静态路由"ip route 172.16.2.0 255.255.255.0 s0/1/0",如需删除这条路由,输入"no ip route 172.16.2.0 255.255.255.0"即可。

(6)静态路由开销(度量值)默认为 0,若要更改度量值,例如为 50,命令为:

```
Router(config)# ip route 192.168.1.0 255.255.255.0 192.168.1.1 50
```

RIP 路由协议基本配置

【工作目的】

掌握 RIP 路由协议配置和调试。

【工作任务】

在路由器上配置 RIP 路由协议,使得两个运行 RIP 的路由器能相互学习,并实现全网互通。

【工作背景】

某学校的校园网从地理位置上划分为教学区和宿舍区两个区域,每个区域各连接两个子网,现需在路由器上配置路由以实现 4 个子网之间互通。鉴于当前校园网规模较小,为便于日后扩充宿舍,添加新的路由设备和子网时,不需再更改原有路由配置信息,管理员计划使用动态 RIP 路由协议实现 4 个子网之间的互通。

【任务分析】

RIP(Routing Information Protocols,路由信息协议)是应用较早的内部网关协议。RIP 路由是典型的距离矢量路由协议,也属于动态路由协议,可以根据网络当前状态变化动态做出路径选择,通过接收邻居路由器传达的路径信息定期更新自身路由表,以此适应网络拓扑变化。

IPv4 中,RIP 路由分为 RIPv1 和 RIPv2 两个版本,分别采用广播和组播方式更新路由信息。RIP 在构造路由通告时使用三种定时器,分别是更新计时器(30s)、超时计时器(180s)、垃圾收集定时器(也称为刷新计时器,120s)。每台路由器周期性地向邻居节点路由器通告(不能跨节点通告)其完整的 RIP 路由条目,最终网络中所有采用 RIP 的路由器都能计算到达其他节点的最短路由。

RIP 以跳数衡量路径成本开销,为避免网络环路和路由失效导致的信息循环通告问题,RIP 规定网络中最大跳数为 15 跳(不可理解为区域最多只能存在 15 个路由器),超过 15 跳则认为目的网络不可达,因此,RIP 路由适用组建小规模网络。为避免路由循环通告,共有如下 6 种防环机制。

(1) 记数最大值(maximum hop count):定义最大跳数(最大为 15 跳),当跳数为 16 跳时,目标为不可达。

(2) 水平分割(split horizon):从邻居接口学习到的路由信息不会再广播回该接口。

(3) 路由毒化(route posion):当拓扑变化时,路由器会将失效的路由标记为 possibly down 状态,并分配一个 16 跳不可达的度量值。

（4）毒性逆转（poison reverse）：从邻居接口学习的路由会发送回该接口，但是已经被毒化，跳数设置为 16 跳不可达。

（5）触发更新（trigger update）：一旦检测到路由崩溃，立即广播路由刷新报文，而不等到下一刷新周期（一个周期为 30s）。

（6）抑制计时器（holddown timer）：防止路由表频繁翻动，增加了网络的稳定性。

RIP 路由协议各个参数值如下（具体参数值需要识记）。

（1）使用 UDP 的 520 端口发送和接收 RIP 分组，最大为 15 跳。

（2）管理距离优先级：120（思科、锐捷），100（华为）。

（3）RIP 分组每隔 30s 以广播的形式发送一次。为防止出现"广播风暴"，后续分组将做随机延时后发送。

（4）设置超时计时器，180s 仍未收到邻居发送的 RIP 路由通告分组，则将邻居节点路由跳数设为 16 跳；设置刷新计时器，再过 120s 仍未收到邻居发送的 RIP 分组则将邻居路由条目删除，因此要路由表再删除一个 RIP 路由条目，至少需要 5min。

RIPv1 不支持 VLSM 可变长子网掩码，在通告其直连网段时不需携带子网信息，因此 network 宣告方式采用主类宣告方式。如宣告到子网，系统自动转换成主类宣告。

【设备器材】

- 1841 路由器 2 台（添加 WIC-1T 串口模块）。
- PC 4 台。

【环境拓扑】

本工作任务拓扑图如图 11-1。

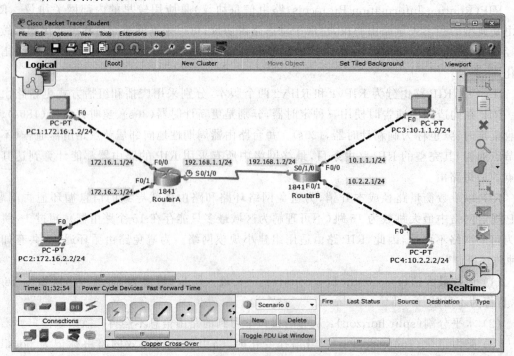

图 11-1　工作任务拓扑图

【工作步骤】

步骤 1：RouterA 与 RouterB 接口的配置（读者可以参考工作任务十，或自行根据网络拓扑进行配置）

步骤 2：在 RouterA 上配置 RIP 路由

```
RouterA(config)#router rip                        //启用 RIP 路由并进入 RIP 路由配置模式
RouterA(config-router)#network 192.168.1.0        //宣告 192.168.1.0 直连网段。network 的作用是构
                                                  //建一个通告集合,指出哪些直连网络参与到构建
                                                  //RIP 分组通告
RouterA(config-router)#network 172.16.1.0         //RIPv1 不支持可变长子网掩码(VLSM),network 宣告
                                                  //采用主类宣告方式。如宣告到子网,系统自动转换
                                                  //为主类宣告。本行命令由系统自动转换为 network
                                                  //172.16.0.0
RouterA(config-router)#network 172.16.2.0         //此行可以不必输入,因为上面一条指令 network
                                                  //172.16.1.0 已自动转换为 network 172.16.0.0,此时
                                                  //再输入 network 172.16.2.0,也将转换为 network
                                                  //172.16.0.0。相当于 network 172.16.0.0 连续输入了
                                                  //两次,但不会影响到实验结果,读者能看懂并理解
                                                  //即可
```

步骤 3：在 RouterB 上配置 RIP 路由

```
RouterB(config)#router rip
RouterB(config-router)#network 192.168.1.0
RouterB(config-router)#network 10.1.1.0           //系统自动转换为 network 10.0.0.0
```

【任务测试】

（1）查看 RouterA 路由表和构建的 RIP 分组信息。

```
RouterA#show ip route
```

```
Codes: C - connected, S - static, I - IGRP, R - RIP, M - mobile, B - BGP
       D - EIGRP, EX - EIGRP external, O - OSPF, IA - OSPF inter area
       N1 - OSPF NSSA external type 1, N2 - OSPF NSSA external type 2
       E1 - OSPF external type 1, E2 - OSPF external type 2, E - EGP
       i - IS-IS, L1 - IS-IS level-1, L2 - IS-IS level-2, ia - IS-IS inter area
       * - candidate default, U - per-user static route, o - ODR
       P - periodic downloaded static route
 Gateway of last resort is not set
R       10.0.0.0/8 [120/1] via 192.168.1.2, 00:00:08, Serial0/1/0
        172.16.0.0/24 is subnetted, 2 subnets
C       172.16.1.0 is directly connected, FastEthernet0/0
C       172.16.2.0 is directly connected, FastEthernet0/1
C       192.168.1.0/24 is directly connected, Serial0/1/0
```

注意：120 是管理距离，1 是路径开销，表示 RouterA 到达 10.0.0.0 网段需经过一个路由器转发。via 表示经过的下一跳的 IP 是 192.168.1.2，从 Serial0/1/0 发出去，00：00：08 表示到达邻居节点延迟。从路由表可以看出，RIP 路由无法发现子网路由。

RouterA#show ip rip database　　　　　　　//查看 RIP 构建的数据分组信息(自动汇总)

```
10.0.0.0/8 auto - summary                    //RIP 分组包含到达 10.0.0.0 网段的信息(汇总)
10.0.0.0/8
[1] via 192.168.1.2, 00:00:25, Serial0/1/0   //[1]表示开销经过一跳
172.16.1.0/24 auto - summary                 //RIP 分组包含直连网段 172.16.1.0 信息
172.16.1.0/24 directly connected, FastEthernet0/0
172.16.2.0/24 auto - summary                 //RIP 分组包含直连网段 172.16.2.0 信息
172.16.2.0/24 directly connected, FastEthernet0/1
192.168.1.0/24 auto - summary                //RIP 分组包含直连网段 192.168.1.0 信息
192.168.1.0/24 directly connected, Serial0/1/0
```

(2) 查看 RouterB 的路由表构建的 RIP 分组信息。

```
Codes: C - connected, S - static, I - IGRP, R - RIP, M - mobile, B - BGP
       D - EIGRP, EX - EIGRP external, O - OSPF, IA - OSPF inter area
       N1 - OSPF NSSA external type 1, N2 - OSPF NSSA external type 2
       E1 - OSPF external type 1, E2 - OSPF external type 2, E - EGP
       i - IS - IS, L1 - IS - IS level - 1, L2 - IS - IS level - 2, ia - IS - IS inter area
       * - candidate default, U - per - user static route, o - ODR
       P - periodic downloaded static route
Gateway of last resort is not set
     10.0.0.0/24 is subnetted, 2 subnets
C       10.1.1.0 is directly connected, FastEthernet0/0
C       10.2.2.0 is directly connected, FastEthernet0/1
R       172.16.0.0/16 [120/1] via 192.168.1.1, 00:00:23, Serial0/1/0
C       192.168.1.0/24 is directly connected, Serial0/1/0
```

RouterB#show ip rip database　　　　　　　//查看 RIP 构建的数据分组信息(自动汇总)

```
10.1.1.0/24 auto - summary
10.1.1.0/24 directly connected, FastEthernet0/0
10.2.2.0/24 auto - summary
10.2.2.0/24 directly connected, FastEthernet0/1
172.16.0.0/16 auto - summary                 //RIP 分组包含到达 172.16.0.0 网段的信息(汇总)
172.16.0.0/16
[1] via 192.168.1.1, 00:00:01, Serial0/1/0
192.168.1.0/24 auto - summary
192.168.1.0/24 directly connected, Serial0/1/0
```

(3) 测试 4 台主机的连通性。

PC1、PC2、PC3 和 PC4 的 IP 地址配置如表 11-1 所示。

表 11-1　PC1、PC2、PC3 和 PC4 的 IP 地址配置情况

配 置 项	PC1	PC2	PC3	PC4
IP 地址	172.16.1.2	172.16.2.2	10.1.1.2	10.2.2.2
子网掩码	255.255.255.0	255.255.255.0	255.255.255.0	255.255.255.0
网关	172.16.1.1	172.16.2.1	10.1.1.1	10.2.2.1

测试结果为全网段互通。其中,PC1 ping PC3/PC4 的 TTL 值为 126(经过两个路由器转发),如图 11-2 所示;PC2 ping PC3/PC4 的 TTL 值为 126,如图 11-3 所示;PC1 ping PC2 的 TTL 值为 127,PC3 ping PC4 的 TTL 值为 127。

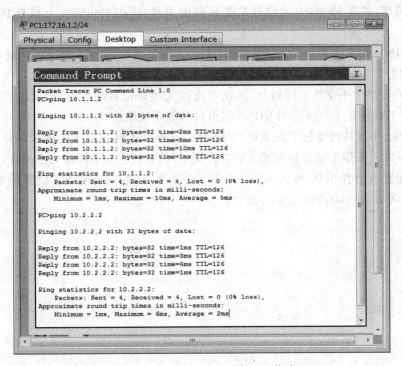

图 11-2　PC1 ping PC3/PC4 的 TTL 值为 126

图 11-3　PC2 ping PC3/PC4 的 TTL 值为 126

【任务总结】

(1) 调试时,如在 RouterA 上没有发现 R 路由项目,应在 RouterB 上检查 RIP 路由是否配置正确;同理,如在 RouterB 上没有发现 R 路由项目,应在 RouterA 上检查 RIP 路由是否配置正确。

(2) 在 IPv4 中,RIP 路由分为 RIPv1 和 RIPv2 两个版本,采用广播或组播进行路由更新。其中 RIPv1 使用广播,RIPv2 使用组播(224.0.0.9)。

(3) 由于 RIPv1 不支持子网划分,因此不支持关闭路由自动汇总,而 RIPv2 支持关闭路由自动汇总(工作任务十二将讲到 RIPv2 路由自动汇总现象)。

(4) RIPv1 不支持可变长子网掩码(VLSM),通告直连网段时不需携带网络掩码,因此,network 宣告方式采用主类宣告方式。如宣告到子网,系统会自动转换成主类宣告。

(5) 在配置 RIP 路由时,输入 network 192.168.2.10 后发现输入了错误的地址段,要将其删除,需输入 no network 192.168.2.10。

RIPv2 配置

【工作目的】

理解 RIP 路由两个版本之间的区别，掌握 RIPv2 路由协议的配置和调试。

【工作任务】

在路由器上配置 RIPv2 路由协议，使得两个运行 RIPv2 的路由器能相互学习，并实现全网互通。

【工作背景】

某学校的校园网从地理位置上划分为教学区和宿舍区两个区域，每个区域各连接两个子网，需在路由器上配置路由以实现 4 个子网之间互通。首先，鉴于 RIP 路由不支持子网，当子网路由不通时不利于调试；其次，当前校园网规模较小，为便于日后扩充宿舍，添加新的路由设备和子网时，不需再更改原有路由配置信息，管理员计划使用动态 RIPv2 版本路由协议并实现 4 个子网之间互通。

【任务分析】

RIP 路由协议有两个版本 RIPv1 和 RIPv2。RIPv1 属于有类路由协议，不支持 VLSM（可变长子网掩码），也不支持关闭路由自动汇总功能（将多个子网路由汇总成一条总路由，减少路由条目，加快数据包转发效率），RIPv1 是以广播的形式进行路由更新的，更新周期为 30s。

RIPv2 属于无类路由协议，支持 VLSM（可变长子网掩码），RIPv2 是以组播的形式进行路由更新的，组播地址是 224.0.0.9。RIPv2 还支持邻居之间端口认证（在发送和接收邻居 RIP 路由通告时需要进行账号和密码认证），提高了网络的安全性。

loopback 接口是一种虚拟接口，创建后不需要接线并处于 up 状态。loopback 接口可以配置 IP 地址和子网信息，当在日常应用调试过程中，如缺少真实主机，可以利用 loopback 接口模拟 1 台主机设备。本实验在两台路由器各创建两个 loopback 接口，模拟 4 台主机之间互通。

虽然 RIPv2 支持 VLSM（默认开启路由自动汇总功能），但和 RIPv1 一样采用主类宣告方式（即使 RIPv2 关闭路由自动汇总，也采用主类宣告方式）。如宣告到子网，系统自动转换成主类宣告。

【设备器材】

1841 路由器 2 台（添加 WIC-1T 串口模块）。

网络设备配置与管理

【环境拓扑】

本工作任务拓扑图如图 12-1 所示。

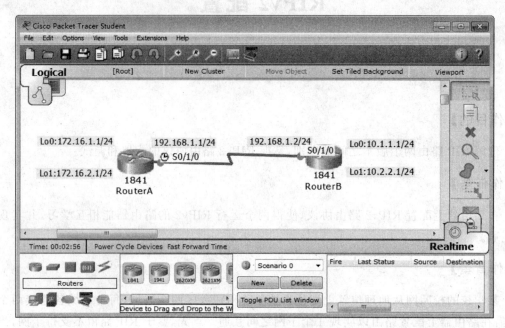

图 12-1　工作任务拓扑图

【工作步骤】

步骤 1：RouterA 接口的配置

```
Router#
Router(config)#hostname RouterA
RouterA(config)#interface serial 0/1/0
RouterA(config-if)#ip address 192.168.1.1 255.255.255.0
RouterA(config-if)#no shutdown
RouterA(config-if)#exit
RouterA(config)#
RouterA(config)#interface loopback 0
RouterA(config-if)#ip address 172.16.1.1 255.255.255.0    //loopback 接口配置 IP 地址后可以不
                                                          //输入 no shutdown
RouterA(config-if)#exit
RouterA(config)#
RouterA(config)#interface loopback 1
RouterA(config-if)#ip address 172.16.2.1 255.255.255.0
RouterA(config-if)#exit
RouterA(config)#
```

步骤 2：RouterB 接口的配置

```
Router#
Router#configure terminal
Router(config)#hostname RouterB
```

```
RouterB(config)＃interface serial 0/1/0
RouterB(config-if)＃ip address 192.168.1.2 255.255.255.0
RouterB(config-if)＃no shutdown
RouterB(config-if)＃exit
RouterB(config)＃
RouterB(config)＃interface loopback 0
RouterB(config-if)＃ip address 10.1.1.1 255.255.255.0
RouterB(config-if)＃exit
RouterB(config)＃
RouterB(config)＃interface loopback 1
RouterB(config-if)＃ip address 10.2.2.1 255.255.255.0
RouterB(config-if)＃exit
RouterB(config)＃
```

步骤3：对 RouterA 和 RouterB 上配置 RIPv2，RIPv2 默认开启路由自动汇总功能

```
RouterA(config)＃
RouterA(config)＃router rip
RouterA(config-router)＃network 192.168.1.0
RouterA(config-router)＃network 172.16.1.0    //虽然 RIPv2 支持子网,但默认开启路由自动汇总
                                              //功能,不通告网络掩码,因此仍和 RIPv1 一样采
                                              //用主类宣告方式。如宣告到子网,系统自动转换
                                              //为主类宣告,即 network 172.16.0.0
RouterA(config-router)＃version 2             //构建 RIP 分组通告时采用 RIPv2 版本
RouterA(config-router)＃exit
RouterA(config)＃

RouterB(config)＃
RouterB(config)＃router rip
RouterB(config-router)＃network 192.168.1.0
RouterB(config-router)＃network 10.0.0.0
RouterB(config-router)＃version 2
RouterB(config-router)＃exit
RouterB(config)＃
```

步骤4：查看 RouterA 和 RouterB 上的路由表和构建的 RIP 分组信息

```
RouterA＃show ip route                        //查看路由表(路由自动汇总)
```

```
Codes: C - connected, S - static, I - IGRP, R - RIP, M - mobile, B - BGP
       D - EIGRP, EX - EIGRP external, O - OSPF, IA - OSPF inter area
       N1 - OSPF NSSA external type 1, N2 - OSPF NSSA external type 2
       E1 - OSPF external type 1, E2 - OSPF external type 2, E - EGP
       i - IS-IS, L1 - IS-IS level-1, L2 - IS-IS level-2, ia - IS-IS inter area
       * - candidate default, U - per-user static route, o - ODR
       P - periodic downloaded static route
   Gateway of last resort is not set
R       10.0.0.0/8 [120/1] via 192.168.1.2, 00:00:21, Serial0/1/0
        172.16.0.0/24 is subnetted, 2 subnets
C          172.16.1.0 is directly connected, Loopback0
C          172.16.2.0 is directly connected, Loopback1
C       192.168.1.0/24 is directly connected, Serial0/1/0
```

从路由表可以看出，虽然 RIPv2 支持子网，但 RIPv2 默认开启路由自动汇总功能，即把 10.1.1.0/24 和 10.2.2.0/24 两条子网路由汇总成一条总路由 10.0.0.0/8。

RouterA # show ip rip database　　　　　//查看 RIPv2 构建的数据分组信息(路由自动汇总)

```
10.0.0.0/8 auto - summary                //RIPv2 分组包含到达 10.0.0.0 网段的信息(汇总)
10.0.0.0/8
    [1] via 192.168.1.2, 00:00:25, Serial0/1/0 //[1]表示路由开销经过 1 跳
172.16.1.0/24 auto - summary             //RIPv2 分组包含直连网段 172.16.1.0 信息
172.16.1.0/24 directly connected, Loopback0
172.16.2.0/24 auto - summary             //RIPv2 分组包含直连网段 172.16.2.0 信息
172.16.2.0/24 directly connected, Loopback1
192.168.1.0/24 auto - summary            //RIPv2 分组包含直连网段 192.168.1.0 信息
192.168.1.0/24 directly connected, Serial0/1/0
```

注意：在 RouterA 中，RIPv2 默认开启路由自动汇总功能，通过 show ip rip database 命令查到的结果和工作任务十一中 RIPv1 上的结果一致。

RouterB # show ip route　　　　　　　//查看路由表(路由自动汇总)

```
Codes: C - connected, S - static, I - IGRP, R - RIP, M - mobile, B - BGP
       D - EIGRP, EX - EIGRP external, O - OSPF, IA - OSPF inter area
       N1 - OSPF NSSA external type 1, N2 - OSPF NSSA external type 2
       E1 - OSPF external type 1, E2 - OSPF external type 2, E - EGP
       i - IS-IS, L1 - IS-IS level-1, L2 - IS-IS level-2, ia - IS-IS inter area
       * - candidate default, U - per-user static route, o - ODR
       P - periodic downloaded static route
Gateway of last resort is not set
       10.0.0.0/24 is subnetted, 2 subnets
C      10.1.1.0 is directly connected, Loopback0
C      10.2.2.0 is directly connected, Loopback1
R      172.16.0.0/16 [120/1] via 192.168.1.1, 00:00:23, Serial0/1/0
C      192.168.1.0/24 is directly connected, Serial0/1/0
```

RouterB # show ip rip database　　　　　//查看 RIPv2 构建的数据分组信息(路由自动汇总)

```
10.1.1.0/24 auto - summary
10.1.1.0/24 directly connected, Loopback0
10.2.2.0/24 auto - summary
10.2.2.0/24 directly connected, Loopback1
172.16.0.0/16 auto - summary             //RIPv2 分组包含到达 172.16.0.0 网段的信息(汇总)
172.16.0.0/16
    [1] via 192.168.1.1, 00:00:01, Serial0/1/0
192.168.1.0/24 auto - summary
192.168.1.0/24 directly connected, Serial0/1/0
```

步骤 5：关闭路由自动汇总功能

RouterA(config) # router rip
RouterA(config-router) # no auto - summary　　//RouterA 关闭路由自动汇总，RouterB 才能发现

//RouterA 的子网信息

RouterA(config – router)♯end

RouterB(config)♯router rip

RouterB(config – router)♯no auto – summary   //RouterB 关闭路由自动汇总,RouterA 才能发现
//RouterB 的子网信息

RouterB(config – router)♯end

步骤6：关闭路由自动汇总功能后,查看 RouterA 和 RouterB 的路由表和构建的 RIP 分组信息

RouterA♯show ip route   //查看路由表(关闭路由自动汇总)

```
Codes: C - connected, S - static, I - IGRP, R - RIP, M - mobile, B - BGP
       D - EIGRP, EX - EIGRP external, O - OSPF, IA - OSPF inter area
       N1 - OSPF NSSA external type 1, N2 - OSPF NSSA external type 2
       E1 - OSPF external type 1, E2 - OSPF external type 2, E - EGP
       i - IS-IS, L1 - IS-IS level-1, L2 - IS-IS level-2, ia - IS-IS inter area
       * - candidate default, U - per-user static route, o - ODR
       P - periodic downloaded static route
Gateway of last resort is not set

     10.0.0.0/8 is variably subnetted, 3 subnets, 2 masks
R       10.0.0.0/8 [120/1] via 192.168.1.2, 00:00:29, Serial0/1/0
R       10.1.1.0/24 [120/1] via 192.168.1.2, 00:00:02, Serial0/1/0
R       10.2.2.0/24 [120/1] via 192.168.1.2, 00:00:02, Serial0/1/0
     172.16.0.0/24 is subnetted, 2 subnets
C       172.16.1.0 is directly connected, Loopback0
C       172.16.2.0 is directly connected, Loopback1
C       192.168.1.0/24 is directly connected, Serial0/1/0
```

RouterA♯show ip rip database   //查看 RIPv2 构建的数据分组信息(关闭路由自动汇总)

```
10.1.1.0/24 auto - summar            //RIPv2 分组包含到达 10.1.1.0 网段的信息。关闭
                                     //汇总后,auto - summary 是指本路由仍是一条汇总
                                     //路由,将 10.1.1.1/32～10.1.1.255/32 的主机路
                                     //由汇总在一起。32 表示精确到网络位和主机位
10.1.1.0/24
   [1] via 192.168.1.2, 00:00:05, Serial0/1/0
10.2.2.0/24 auto - summary           //RIPv2 分组包含到达 10.2.2.0 网段的信息
10.2.2.0/24
   [1] via 192.168.1.2, 00:00:05, Serial0/1/0
172.16.1.0/24 auto - summary
172.16.1.0/24 directly connected, Loopback0
172.16.2.0/24 auto - summary
172.16.2.0/24 directly connected, Loopback1
192.168.1.0/24 auto - summary
192.168.1.0/24 directly connected, Serial0/1/0
```

RouterB♯show ip route   //查看路由表(关闭路由自动汇总)

```
Codes: C - connected, S - static, 1 - IGRP, R - RIP, M - mobile, B - BGP
       D - EIGRP, EX - EIGRP external, O - OSPF, IA - OSPF inter area
       N1 - OSPF NSSA external type 1, N2 - OSPF NSSA external type 2
       E1 - OSPF external type 1, E2 - OSPF external type 2, E - EGP
       i - IS-IS, L1 - IS-IS level-1, L2 - IS-IS level-2, ia - IS-IS inter area
       * - candidate default, U - per-user static route, o - ODR
       P - periodic downloaded static route
Gateway of last resort is not set
      10.0.0.0/24 is subnetted, 2 subnets
C     10.1.1.0 is directly connected, Loopback0
C     10.2.2.0 is directly connected, Loopback1
      172.16.0.0/16 is variably subnetted, 3 subnets, 2 masks
R     172.16.0.0/16 [120/1] via 192.168.1.1, 00:02:01, Serial0/1/0
R     172.16.1.0/24 [120/1] via 192.168.1.1, 00:00:14, Serial0/1/0
R     172.16.2.0/24 [120/1] via 192.168.1.1, 00:00:14, Serial0/1/0
C     192.168.1.0/24 is directly connected, Serial0/1/0
```

RouterB#show ip rip database　　　　　　　　//查看 RIP 构建的数据分组信息(关闭路由自动汇总)

```
10.1.1.0/24 auto-summary                    //RIPv2 分组包含直连网段 10.1.1.0 的信息
10.1.1.0/24 directly connected, Loopback0
10.2.2.0/24 auto-summary                    //RIPv2 分组包含直连网段 10.2.2.0 的信息
10.2.2.0/24 directly connected, Loopback1
172.16.1.0/24 auto-summary                  //RIPv2 分组包含到达 172.16.1.0 网段的信息
172.16.1.0/24
   [1] via 192.168.1.1, 00:00:25, Serial0/1/0
172.16.2.0/24 auto-summary                  //RIPv2 分组包含到达 172.16.2.0 网段的信息
172.16.2.0/24
   [1] via 192.168.1.1, 00:00:25, Serial0/1/0
192.168.1.0/24 auto-summary                 //RIPv2 分组包含直连网段 192.168.1.0 的信息
192.168.1.0/24 directly connected, Serial0/1/0
```

注意：RIPv2 在利用 network 宣告直连网段时，采用主类宣告，不含子网信息。关闭路由自动汇总后仍不需要宣告到子网，路由器经计算自动得出子网信息，无须人工干预。

【任务测试】

（1）测试 RouterA 上的 loopback 0 与 RouterB 上的 loopback 0 接口的连通性。

```
RouterA#ping                          //不能在 RouterA 上直接 ping 10.1.1.1,应在 RouterA 上
                                      //指定通过 loopback 0 接口 ping 10.1.1.1,此时需要用
                                      //到 ping 扩展参数
 Protocol [ip]:                       //输入回车键表示 ping 默认 IP 协议
 Target IP address: 10.1.1.1          //输入指定目标 IP
 Repeat count [5]:                    //输入 ping 的次数,默认为 5 次
 Datagram size [100]:                 //输入发送 ping 数据包的大小
 Timeout in seconds [2]:              //输入 ping 默认的超时时间,默认为 2s
 Extended commands [n]: y             //都需要用到 ping 扩展参数时输入 y
Source address or interface: 172.16.1.1  //指定 ping 的源 IP 或源接口名称
```

```
Type of service [0]:
Set DF bit in IP header? [no]:
Validate reply data? [no]:
Data pattern [0xABCD]:

Loose, Strict, Record, Timestamp, Verbose[none]:
Sweep range of sizes [n]:
Sending 5, 100 - byte ICMP Echos to 10.1.1.1, timeout is 2 seconds:
Packet sent with a source address of 172.16.1.1
!!!!!                                            //"!"表示通,"!!!!!"表示发送的5个echo包都收到了
Success rate is 100 percent (5/5), round - trip min/avg/max = 3/5/10 ms
```

（2）用上述方法继续测试剩余的3个loopback接口之间的连通性,直至全网互通。

【任务总结】

（1）RIPv2和RIPv1一样采用主类宣告方式,不需宣告到子网。如果宣告到子网,系统自动转换为主类宣告方式。

（2）RIPv1不支持VLSM,路由自动汇总功能默认开启,不能关闭,看不到子网信息;RIPv2支持VLSM,路由自动汇总功能默认开启（路由自动汇总是距离矢量路由协议特有的功能）,可以选择关闭只看到子网信息。

（3）如果配置no auto-summary命令后立刻查看路由表,除了能看到子网路由条目外,还能看到原汇总的路由条目,汇总路由条目将在无效计时器、刷新计时器超时后才会被清除。

（4）如果配置no auto-summary命令后立即通过show ip rip database命令查看RIP构建的数据分组信息,需要等待下一周期（需要等待最多30s）,因为RIP每隔30s发送一次RIP数据分组信息。

工作任务十三
OSPF 路由协议基本配置

【工作目的】

掌握单区域 OSPF 路由协议配置和调试的方法。

【工作任务】

在路由器上配置 OSPF 路由协议,使得两个运行 OSPF 协议的路由器能相互学习,并实现全网互通。

【工作背景】

某学校的校园网南校区划分为学生网段(VLAN 10,IP 地址为 172.16.10.0)、教师网段(VLAN 20,IP 地址为 172.16.20.0)和服务器网段(VLAN 30,IP 地址为 172.16.30.0),三个网段通过 1 台三层交换机汇聚到南校区路由器 RouterA,经 RouterB 连接到北校区。现在要进行适当配置,要求如下:
(1) 实现南、北校区主机之间的互通;
(2) 避免南、北校区通信瓶颈,校区之间配置为最大带宽。

【任务分析】

RIP 路由是距离矢量协议,不管链路带宽大小,仅用跳数衡量路径开销是否合理。OSPF(Open Shortest Path First,开放式最短路径优先)是链路状态协议,通过组播 LSA 链路状态通告信息建立链路状态数据库,生成最短路径树。OSPF 基于 UDP 协议进行数据封装,其协议号是 89,组播地址为 224.0.0.5,管理距离是 110(华为路由器的管理距离为 150)。

OSPF 计算的 cost(开销)的方式为

$$\text{cost} = \frac{\text{参考带宽}}{\text{接口带宽}} = \frac{10^8}{\text{带宽(bps)}} = \frac{100}{\text{带宽(Mbps)}}$$

注意:余数不足 1 则按照 1 计算,将所有链路 cost 相加,即为总路径开销。

因此,如果接口带宽为 100Mbps,链路开销为

$$\text{cost} = \frac{10^8}{10\,010\,001\,000} = \frac{100}{100} = 1$$

千兆、万兆链路开销值都为 1。

上述计算方式是早期 OSPF 路径开销计算方式。在现在工程应用中,千兆、万兆、超万兆线路都已出现,如果默认参数带宽设置为 100bps 则不合适,建议通过 autocost reference-bandwidth 命令将其值修改为 10 000,这样计算 100 兆和 1000 兆链路的 cost 值分别为 100 和 10。

OSPF 和 RIP 都属于 IGP 内部网关协议,用于自治系统内部互联。它们的不同之处在

于,RIP 最大跳数为 15 跳,适合组建小规模自治系统,而 OSPF 没有这个限制,适合组建小规模和中等规模自治系统。

注意:RIP 最大跳数为 15 跳,不等于一个自治系统最多只能有 15 个路由器。OSPF 没有跳数限制,也不等于一个自治系统可以无限加入路由器。当一个 OSPF 自治区域路由器数量过大,路由表条目以指数级数增长,会极大地影响路由转发速率。因此,规定一个自治系统的 OSPF 区域最大路由上限为 30～200 个,一个 OSPF 路由表不允许装载超过 30 000 条路由条目。在日常应用中也不建议一个 OSPF 区域超过 30 个路由,因为会增加高性能路由器的投资成本。如果路由器数量过多,可采取将一个大区域划分为多个较小的自治区域,自治区域间通过区域间路由器(采用外部网关协议)互联。

OSPF 属于无类路由协议,支持 VLSM(可变长子网掩码),在路由宣告时需携带子网掩码信息。由于 OSPF 不支持路由自动汇总(路由自动汇总是距离矢量路由协议特有的功能,OSPF 属于链路状态协议,路由信息不能自动汇总),OSPF 路由配置后可以直接看到子网信息,而这些子网信息非路由器计算所得(RIPv2 子网信息由路由器计算得出),需由管理员在宣告时手动输入。因此,OSPF 路由宣告采用子网精确宣告方式,其格式为

network ＋ 网段及其子网 ＋ 反网络掩码

【设备器材】

- 3560 三层交换机 1 台。
- 2950 二层交换机 3 台。
- 1841 路由器 2 台(添加 WIC-1T 串口模块)。

【环境拓扑】

本工作任务拓扑图如图 13-1 所示。

【工作步骤】

步骤 1:二层交换机的基本配置

```
Switch#
Switch# configure terminal
Switch(config)# hostname L2 - SW1
L2 - SW1(config)# interface fastEthernet 0/2
L2 - SW1(config - if)# switchport mode trunk
L2 - SW1(config - if)# exit
L2 - SW1(config)# vlan 10
L2 - SW1(config - vlan)# exit
L2 - SW1(config)# interface range fastEthernet 0/1 - 24
L2 - SW1(config - if - range)# switchport access vlan 10    //L2 - SW1 必须划分到 VLAN 10,否则所有
                                                            //端口属于 VLAN 1;而 L3 - SW 的 F0/1 - 5
                                                            //属于 VLAN 10,不同 VLAN ID 会导致 PC1 不
                                                            //能与 172.16.10.1 相互连通。L2 - SW1
                                                            //没必要再划分到 VLAN 20 和 VLAN 30,因
                                                            //为没有端口属于 VLAN 20 和 VLAN 30,建
                                                            //了也没有用,当然建了也不影响结果
L2 - SW1(config - if - range)# exit
```

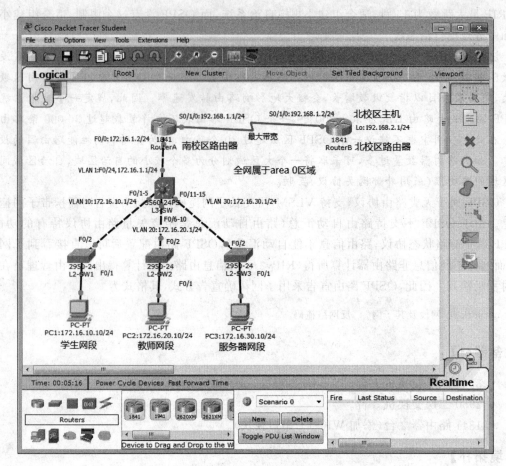

图 13-1　工作任务拓扑图

```
L2 - SW1(config)#

Switch#
Switch# configure terminal
Switch(config)# hostname L2 - SW2
L2 - SW2(config)# interface fastEthernet 0/2
L2 - SW2(config - if)# switchport mode trunk
L2 - SW2(config - if)# exit
L2 - SW2(config)# vlan 20                                    //L2 - SW2 必须划分到 VLAN 20
L2 - SW2(config - vlan)# exit
L2 - SW2(config)# interface range fastEthernet 0/1 - 24
L2 - SW2(config - if - range)# switchport access vlan 20
L2 - SW2(config - if - range)# exit
L2 - SW2(config)#

Switch#
Switch# configure terminal
Switch(config)# hostname L2 - SW3
L2 - SW3(config)# interface fastEthernet 0/2
L2 - SW3(config - if)# switchport mode trunk
L2 - SW3(config - if)# exit
L2 - SW3(config)# vlan 30                                    //L2 - SW3 必须划分到 VLAN 30
```

```
L2 - SW3(config - vlan) # exit
L2 - SW3(config) # interface range fastEthernet 0/1 - 24
L2 - SW3(config - if - range) # switchport access vlan 30
L2 - SW3(config - if - range) # exit
L2 - SW3(config) #
```

步骤 2：L3-SW 交换机的基本配置

```
Switch#
Switch# configure terminal
Switch(config) #
Switch(config) # hostname L3 - SW
L3 - SW(config) # vlan 10
L3 - SW(config - vlan) # vlan 20
L3 - SW(config - vlan) # vlan 30
L3 - SW(config - vlan) # exit
L3 - SW(config) # interface vlan 10
L3 - SW(config - if) # ip address 172.16.10.1 255.255.255.0
L3 - SW(config - if) # no shutdown
L3 - SW(config - if) # exit
L3 - SW(config) # interface vlan 20
L3 - SW(config - if) # ip address 172.16.20.1 255.255.255.0
L3 - SW(config - if) # no shutdown
L3 - SW(config - if) # exit
L3 - SW(config) # interface vlan 30
L3 - SW(config - if) # ip address 172.16.30.1 255.255.255.0
L3 - SW(config - if) # no shutdown
L3 - SW(config - if) # exit
L3 - SW(config) # interface vlan 1
L3 - SW(config - if) # ip address 172.16.1.1 255.255.255.0
L3 - SW(config - if) # no shutdown
L3 - SW(config - if) # exit
L3 - SW(config) # ip routing
L3 - SW(config) # interface range fastEthernet 0/1 - 5
L3 - SW(config - if - range) # switchport access vlan 10
L3 - SW(config - if - range) # exit
L3 - SW(config) # interface range fastEthernet 0/6 - 10
L3 - SW(config - if - range) # switchport access vlan 20
L3 - SW(config - if - range) # exit
L3 - SW(config) # interface range fastEthernet 0/11 - 15
L3 - SW(config - if - range) # switchport access vlan 30
L3 - SW(config - if - range) # exit
L3 - SW(config) # interface fastEthernet 0/24
L3 - SW(config - if) # switchport trunk encapsulation dot1q
L3 - SW(config - if) # switchport mode trunk
L3 - SW(config - if) # exit
L3 - SW(config) #
```

注意：物理上,L3-SW 口通过 F0/24 与 RouterA 的 F0/0 连接,但 L3-SW 口默认是二层端口,不能配置 IP,只能对 VLAN 配置 IP。因此从逻辑上看,L3-SW 是通过 VLAN 1 虚拟接口与 RouterA 的 F0/0 连接。在图 13-1 的拓扑图中,L3-SW 中任意一个隶属于 VALN 1 的端口连接都可以与 RouterA 的 F0/0 连接,F0/24 仅是其中之一。

步骤 3：RouterA 和 RouterB 的基本配置

```
Router # configure terminal
Router(config) # hostname RouterA
RouterA(config) # interface fastEthernet 0/0
RouterA(config - if) # ip address 172.16.1.2 255.255.255.0
RouterA(config - if) # no shutdown
RouterA(config - if) # exit
RouterA(config) # interface serial 0/1/0
RouterA(config - if) # bandwidth ?                 //查询串口链路带宽参数
<1 - 10000000 > Bandwidth in kilobits
RouterA(config - if) # bandwidth 10000000          //链路带宽设置为 10 000Mbps，这是最大带宽
RouterA(config - if) # ip address 192.168.1.1 255.255.255.0
RouterA(config - if) # no shutdown
RouterA(config - if) # exit
RouterA(config) #


Router # configure terminal
Router(config) # hostname RouterB
RouterB(config) # interface serial 0/1/0
RouterB(config - if) # ip address 192.168.1.2 255.255.255.0
RouterB(config - if) # bandwidth 10000000
RouterB(config - if) # no shutdown
RouterB(config - if) # exit
RouterB(config) # interface loopback 0             //loopback 0 用于模拟北校区一台主机
RouterB(config - if) # ip address 192.168.2.1 255.255.255.0
RouterB(config - if) # exit
RouterB(config) #
```

步骤 4：配置 OSPF 路由

```
L3 - SW(config) # router ospf 10                    //10 为自定义的进程号，范围为 1～65 535。一台设备
                                                    //可以运行多个 OSPF 进程，不同进程之间相互独立，
                                                    //进程号仅在本地设备有效。除非有特殊需求，否则
                                                    //建议全网 OSPF 路由使用统一进程号

L3 - SW(config - router) # network 172.16.1.0 0.0.0.255 area 0
                                                    //OSPF 采用子网精确宣告方式，格式为 network + 网段
                                                    //及其子网 + 反网络掩码。网络掩码用 1 表示精确，
                                                    //0 表示不精确；反网络掩码用 0 表示精确，1 表示不精
                                                    //确。此时精确到 172.16.1.0 网段。当需要精确或匹
                                                    //配到具体网络位和子网位时，采用反网络掩码形式
                                                    //表达。area 0 表示骨干区域，工作任务拓扑图中全
                                                    //网隶属 aera 0 骨干区域

L3 - SW(config - router) # network 172.16.10.0 0.0.0.255 area 0
L3 - SW(config - router) # network 172.16.20.0 0.0.0.255 area 0
L3 - SW(config - router) # network 172.16.30.0 0.0.0.255 area 0
L3 - SW(config - router) # exit
L3 - SW(config) #


RouterA(config) #
RouterA(config) # router ospf 10                    //10 为 RouterA 上自定义的 OSPF 进程，仅在 RouterA
                                                    //内有效，用其他进程号不影响实验结果，与 L3 - SW
                                                    //的 OSPF 10 进程也没有联系，建议相同区域的 OSPF
```

//路由使用相同的进程号

RouterA(config - router)#network 172.16.1.0 0.0.0.255 area 0

RouterA(config - router)#network 192.168.1.0 0.0.0.255 area 0

RouterA(config - router)#exit

RouterA(config)#

RouterB(config)#

RouterB(config)#router ospf 20   //进程 20 虽不影响结果,但建议使用 router ospf 10,
//以便与 RouterA 进程号保持一致,以免造成误会和
//疑问

RouterB(config - router)#network 192.168.1.0 0.0.0.255 area 0

RouterB(config - router)#network 192.168.2.0 0.0.0.255 area 0

RouterB(config - router)#exit

RouterB(config)#

【任务测试】

(1) 查看 L3-SW、RouterA 和 RouterB 上的路由表。

L3 - SW#show ip route

```
Codes: C - connected, S - static, I - IGRP, R - RIP, M - mobile, B - BGP
       D - EIGRP, EX - EIGRP external, O - OSPF, IA - OSPF inter area
       N1 - OSPF NSSA external type 1, N2 - OSPF NSSA external type 2
       E1 - OSPF external type 1, E2 - OSPF external type 2, E - EGP
       i - IS-IS, L1 - IS-IS level-1, L2 - IS-IS level-2, ia - IS-IS inter area
       * - candidate default, U - per-user static route, o - ODR
       P - periodic downloaded static route
Gateway of last resort is not set
     172.16.0.0/24 is subnetted, 4 subnets
C    172.16.1.0 is directly connected, Vlan1
C    172.16.10.0 is directly connected, Vlan10
C    172.16.20.0 is directly connected, Vlan20
C    172.16.30.0 is directly connected, Vlan30
H    192.168.1.0/24 [110/2] via 172.16.1.2, 00:35:58, Vlan1  //110 为管理距离。cost = 1 + 1(余
                                                             //数不足 1 则按照 1 计算) = 2

     192.168.2.0/32 is subnetted, 1 subnets
H    192.168.2.1 [110/3] via 172.16.1.2, 00:27:27, Vlan1    //cost = 1 + 1 + 1(Lo 口带宽为
                                                            //100Mbps)。00:27:27 为延迟时间
```

RouterA#show ip route

```
Codes: C - connected, S - static, I - IGRP, R - RIP, M - mobile, B - BGP
       D - EIGRP, EX - EIGRP external, O - OSPF, IA - OSPF inter area
       N1 - OSPF NSSA external type 1, N2 - OSPF NSSA external type 2
       E1 - OSPF external type 1, E2 - OSPF external type 2, E - EGP
       i - IS-IS, L1 - IS-IS level-1, L2 - IS-IS level-2, ia - IS-IS inter area
       * - candidate default, U - per-user static route, o - ODR
       P - periodic downloaded static route
Gateway of last resort is not set
```

```
            172.16.0.0/24 is subnetted, 4 subnets
C       172.16.1.0 is directly connected, FastEthernet0/0
H       172.16.10.0 [110/2] via 172.16.1.1, 00:18:47, FastEthernet0/0
H       172.16.20.0 [110/2] via 172.16.1.1, 00:18:47, FastEthernet0/0
H       172.16.30.0 [110/2] via 172.16.1.1, 00:18:47, FastEthernet0/0
C       192.168.1.0/24 is directly connected, Serial0/1/0
            192.168.2.0/32 is subnetted, 1 subnets
H       192.168.2.1 [110/2] via 192.168.1.2, 00:18:47, Serial0/1/0
```

RouterB#show ip route

```
Codes: C - connected, S - static, I - IGRP, R - RIP, M - mobile, B - BGP
       D - EIGRP, EX - EIGRP external, O - OSPF, IA - OSPF inter area
       N1 - OSPF NSSA external type 1, N2 - OSPF NSSA external type 2
       E1 - OSPF external type 1, E2 - OSPF external type 2, E - EGP
       i - IS-IS, L1 - IS-IS level-1, L2 - IS-IS level-2, ia - IS-IS inter area
       * - candidate default, U - per-user static route, o - ODR
       P - periodic downloaded static route
Gateway of last resort is not set
       172.16.0.0/24 is subnetted, 4 subnets
H       172.16.1.0 [110/2] via 192.168.1.1, 00:22:38, Serial0/1/0
H       172.16.10.0 [110/3] via 192.168.1.1, 00:22:38, Serial0/1/0
H       172.16.20.0 [110/3] via 192.168.1.1, 00:22:38, Serial0/1/0
H       172.16.30.0 [110/3] via 192.168.1.1, 00:22:38, Serial0/1/0
C       192.168.1.0/24 is directly connected, Serial0/1/0
C       192.168.2.0/24 is directly connected, Loopback0
```

（2）测试南校区主机与北校区主机之间的连通性。

PC1、PC2、PC3 的 IP 地址配置如表 13-1 所示。

表 13-1   PC1、PC2、PC3 的 IP 地址配置情况

配　置　项	PC1	PC2	PC3
IP 地址	172.16.10.10	172.16.20.10	172.16.30.10
子网掩码	255.255.255.0	255.255.255.0	255.255.255.0
网关	172.16.10.1	172.16.20.1	172.16.30.1

测试结果为全网段互通。其中，PC1、PC2、PC3 之间相互连通，TTL 值为 127，如图 13-2 所示。

PC1、PC2、PC3 与 RouterB 的 loopback 0 接口相互连通，TTL 值为 253（经 3 个路由器转发），如图 13-3 所示。

注意：Windows 操作系统（Windows 2000 以后）中的 TTL 默认值为 128，UNIX 操作系统（交换机、路由器等网联设备）中的 TTL 默认值为 255，Linux 系统中的 TTL 默认值为 64。在用 ping 命令时，TTL 的具体值由目的（对方）设备操作系统决定。

【任务总结】

（1）OSPF 支持 VLSM（可变长子网掩码），不支持路由自动汇总，路由通告时需携带子网

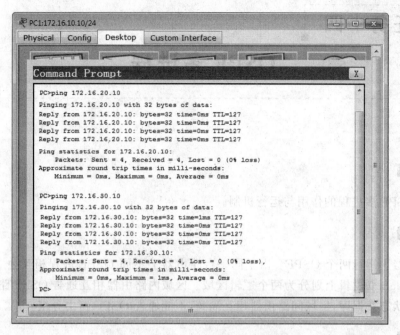

图 13-2　PC1、PC2、PC3 之间相互连通

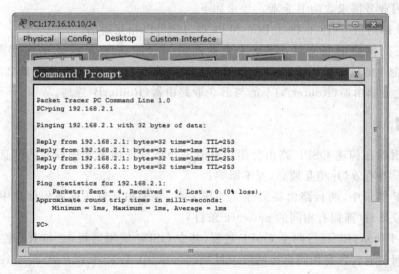

图 13-3　PC1、PC2、PC3 与 loopback 0 接口相互连通

掩码,network 采用子网精确宣告方式。在通告直连网段时注意输入正确的网段及其子网信息、反网络掩码和所属区域,其中 area 0 表示骨干区域。

（2）在构建 OSPF 路由分组信息时不会体现任何关于进程号的信息,因此进程号只在本地设备有效,相邻路由器进程号之间没有联系。如无特殊需求,建议相同 area 的 OSPF 路由使用统一进程号。

（3）需把 OSPF 10 进程删除时,用 no router ospf 10 指令;需把进程中某直连网段宣告删除时,用 no network 172.16.1.0 0.0.0.255 area 0 指令。

工作任务十四

OSPF 多进程

【工作目的】

掌握 OSPF 多进程的作用与运行机制。

【工作任务】

在路由器上运行两个 OSPF。由于同一台路由器上不同 OSPF 进程相互独立,从而将一个骨干区域 aera 0 逻辑上划分为两个逻辑区域。区域内路由器相互通告 OSPF 路由分组并维护自身链路状态数据库,区域间路由器相互隔离,不能通告 OSPF 路由分组。

【工作背景】

A 企业因业务需求收购 B 企业。要求如下。

(1) 企业部门员工(PC1、PC2、PC3 和 PC4)之间可以相互通信。

(2) 为提高网络的安全性,要求 A 企业的员工只能访问 A 企业的生产服务器(FTP Server1),B 企业的员工只能访问 A 企业的技术服务器(FTP Server2),服务器之间相互隔离。

(3) A 企业路由器(RouterA)不能与 B 企业路由器(RouterB)连通。

【任务分析】

相邻路由器在构建 OSPF 路由分组信息时不会体现任何关于进程号的信息,因此,进程号只在本地设备有效,并相互独立,互不影响。

在 OSPF 协议中,两台路由器需建立邻居关系,要求相互发送的通告信息中必须包含相同的直连网段条目(即拥有相同的 network 条目)。

如图 14-1 所示,R2 运行两个 OSPF 进程,其中 OSPF 使用进程 12 与 R1 建立邻居关系,因为它们之间的通告含有相同直连网段条目"network 10.1.12.0 0.0.0.255 area 0";同理,OSPF 使用进程 23 与 R3 建立邻居关系,因为它们之间的通告含有相同直连网段条目"network 10.1.23.0 0.0.0.255 area 0"。OSPF 进程之间相互独立,R2 中 OSPF 进程 23 通告信息不会传递给进程 12,进程 12 通告信息也不会传递给进程 23,进程之间相互隔离,从而将一个骨干区域 aera 0 在逻辑上划分为两个区域,区域内路由拥有相同的链路状态数据库。

虽然进程之间相互隔离,但是 R2 连接两个逻辑区域,能学习到所有网段 OSPF 路由条目,包含 1.1.1.0/24 和 3.3.3.0/24。由于 R2 中 OSPF 进程之间不能相互通告,导致 R1 和 R3 无法学习到对方 OSPF 路由条目,因此无法相互连通。

【设备器材】

• 3560 三层交换机 1 台。

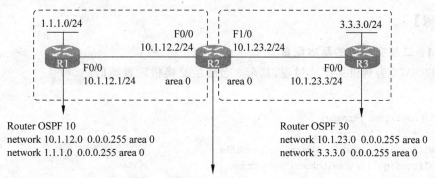

图 14-1 R2 连接 2 个逻辑区域

- 1841 路由器 2 台。
- Server 服务器 2 台。
- PC 4 台。

【环境拓扑】

本工作任务拓扑图如图 14-2 所示。

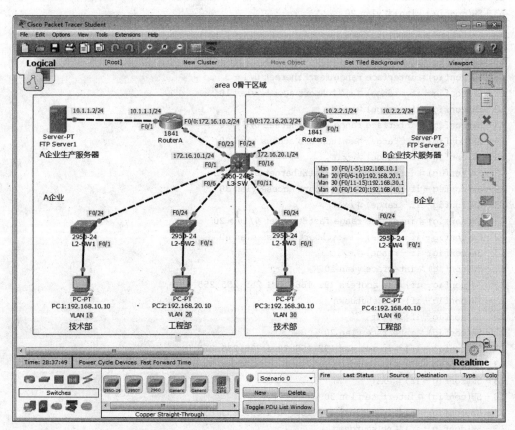

图 14-2 工作任务拓扑图

【工作步骤】

步骤 1：二层交换机的基本配置

下面以 SW1 为例讲述配置过程，其余 3 台二层交换机配置类似。

```
Switch#
Switch# configure terminal
Switch(config)# hostname L2 - SW1
L2 - SW1(config)# interface fastEthernet 0/24
L2 - SW1(config - if)# switchport mode trunk
L2 - SW1(config - if)# exit
L2 - SW1(config)# vlan 10
L2 - SW1(config - vlan)# exit
L2 - SW1(config)# interface range fastEthernet 0/1 - 24
L2 - SW1(config - if - range)# switchport access vlan 10
L2 - SW1(config - if - range)# exit
L2 - SW1(config)#
```

步骤 2：三层交换机的基本配置

```
Switch#
Switch# configure terminal
Switch(config)# hostname L3 - SW
L3 - SW(config)# vlan 10
L3 - SW(config - vlan)# vlan 20
L3 - SW(config - vlan)# vlan 30
L3 - SW(config - vlan)# vlan 40
L3 - SW(config - vlan)# exit
L3 - SW(config)# interface range fastEthernet 0/1 - 5
L3 - SW(config - if - range)# switchport access vlan 10
L3 - SW(config - if - range)# exit
L3 - SW(config)# interface range fastEthernet 0/6 - 10
L3 - SW(config - if - range)# switchport access vlan 20
L3 - SW(config - if - range)# exit
L3 - SW(config)# interface range fastEthernet 0/11 - 15
L3 - SW(config - if - range)# switchport access vlan 30
L3 - SW(config - if - range)# exit
L3 - SW(config)# interface range fastEthernet 0/16 - 20
L3 - SW(config - if - range)# switchport access vlan 40
L3 - SW(config - if - range)# exit
L3 - SW(config)# interface vlan 10
L3 - SW(config - if)# ip address 192.168.10.1 255.255.255.0
L3 - SW(config - if)# no shutdown
L3 - SW(config - if)# exit
L3 - SW(config)# interface vlan 20
L3 - SW(config - if)# ip address 192.168.20.1 255.255.255.0
L3 - SW(config - if)# no shutdown
L3 - SW(config - if)# exit
L3 - SW(config)# interface vlan 30
L3 - SW(config - if)# ip address 192.168.30.1 255.255.255.0
L3 - SW(config - if)# no shutdown
L3 - SW(config - if)# exit
```

```
L3 - SW(config) # interface vlan 40
L3 - SW(config - if) # ip address 192.168.40.1 255.255.255.0
L3 - SW(config - if) # no shutdown
L3 - SW(config - if) # exit
L3 - SW(config) # interface fastEthernet 0/23
L3 - SW(config - if) # no switchport   //三层交换机不能直接对二层端口配置 IP,必须关闭其二层端
                                       //口属性,变为三层端口才可以配置 IP。二层交换机对 no
                                       //switchport 指令无效
L3 - SW(config - if) # ip address 172.16.10.1 255.255.255.0
L3 - SW(config - if) # no shutdown
L3 - SW(config) #
L3 - SW(config) # interface fastEthernet 0/24
L3 - SW(config - if) # no switchport
L3 - SW(config - if) # ip address 172.16.20.1 255.255.255.0
L3 - SW(config - if) # no shutdown
L3 - SW(config - if) # exit
L3 - SW(config) # ip routing
L3 - SW(config) #
```

步骤 3：RouerA 和 RouerB 连接的主机和接口的 IP 地址配置

请读者根据拓扑图自行配置。

步骤 4：配置 OSPF 路由协议

```
L3 - SW(config) #
L3 - SW(config) # router ospf 10
L3 - SW(config - router) # network 192.168.10.0 0.0.0.255 area 0
L3 - SW(config - router) # network 192.168.20.0 0.0.0.255 area 0
L3 - SW(config - router) # network 172.16.10.0 0.0.0.255 area 0
L3 - SW(config - router) # exit
L3 - SW(config) # router ospf 20
L3 - SW(config - router) # network 192.168.30.0 0.0.0.255 area 0
L3 - SW(config - router) # network 192.168.40.0 0.0.0.255 area 0
L3 - SW(config - router) # network 172.16.20.0 0.0.0.255 area 0
L3 - SW(config - router) # exit
L3 - SW(config) #

RouterA(config) #
RouterA(config) # router ospf 10
RouterA(config - router) # network 10.1.1.0 0.0.0.255 area 0
RouterA(config - router) # network 172.16.10.0 0.0.0.255 area 0
RouterA(config - router) # exit
RouterA(config) #
RouterB(config) #
RouterB(config) # router ospf 20
RouterB(config - router) # network 10.2.2.0 0.0.0.255 area 0
RouterB(config - router) # network 172.16.20.0 0.0.0.255 area 0
RouterB(config - router) # exit
RouterB(config) #
```

【任务测试】

(1) 查看 L3-SW、RouterA 和 RouterB 路由表。

```
L3 - SW # show ip route
```

```
Codes: C - connected, S - static, I - IGRP, R - RIP, M - mobile, B - BGP
       D - EIGRP, EX - EIGRP external, O - OSPF, IA - OSPF inter area
       N1 - OSPF NSSA external type 1, N2 - OSPF NSSA external type 2
       E1 - OSPF external type 1, E2 - OSPF external type 2, E - EGP
       i - IS-IS, L1 - IS-IS level-1, L2 - IS-IS level-2, ia - IS-IS inter area
       * - candidate default, U - per-user static route, o - ODR
       P - periodic downloaded static route
Gateway of last resort is not set
     10.0.0.0/24 is subnetted, 2 subnets
O       10.1.1.0 [110/2] via 172.16.10.2, 00:04:20, FastEthernet0/23
O       10.2.2.0 [110/2] via 172.16.20.2, 00:01:55, FastEthernet0/24
     172.16.0.0/24 is subnetted, 2 subnets
C       172.16.10.0 is directly connected, FastEthernet0/23
C       172.16.20.0 is directly connected, FastEthernet0/24
C       192.168.10.0/24 is directly connected, Vlan10
C       192.168.20.0/24 is directly connected, Vlan20
C       192.168.30.0/24 is directly connected, Vlan30
C       192.168.40.0/24 is directly connected, Vlan40
```

从路由表可以看出,L3-SW 连接两个逻辑区域,可以学习到全网路由。

RouterA # show ip route

```
Codes: C - connected, S - static, I - IGRP, R - RIP, M - mobile, B - BGP
       D - EIGRP, EX - EIGRP external, O - OSPF, IA - OSPF inter area
       N1 - OSPF NSSA external type 1, N2 - OSPF NSSA external type 2
       E1 - OSPF external type 1, E2 - OSPF external type 2, E - EGP
       i - IS-IS, L1 - IS-IS level-1, L2 - IS-IS level-2, ia - IS-IS inter area
       * - candidate default, U - per-user static route, o - ODR
       P - periodic downloaded static route
Gateway of last resort is not set
     10.0.0.0/24 is subnetted, 1 subnets
C       10.1.1.0 is directly connected, FastEthernet0/1
     172.16.0.0/24 is subnetted, 1 subnets
C       172.16.10.0 is directly connected, FastEthernet0/0
O       192.168.10.0/24 [110/2] via 172.16.10.1, 00:06:44, FastEthernet0/0
O       192.168.20.0/24 [110/2] via 172.16.10.1, 00:06:44, FastEthernet0/0
```

由于 L3-SW 进程之间相互隔离,RouterA 只能学习到 A 企业 VLAN 10 和 VLAN 20 的
OSPF 路由。

RouterB # show ip route

```
Codes: C - connected, S - static, I - IGRP, R - RIP, M - mobile, B - BGP
       D - EIGRP, EX - EIGRP external, O - OSPF, IA - OSPF inter area
       N1 - OSPF NSSA external type 1, N2 - OSPF NSSA external type 2
       E1 - OSPF external type 1, E2 - OSPF external type 2, E - EGP
       i - IS-IS, L1 - IS-IS level-1, L2 - IS-IS level-2, ia - IS-IS inter area
       * - candidate default, U - per-user static route, o - ODR
       P - periodic downloaded static route
```

```
Gateway of last resort is not set
     10.0.0.0/24 is subnetted, 1 subnets
C       10.2.2.0 is directly connected, FastEthernet0/1
     172.16.0.0/24 is subnetted, 1 subnets
C       172.16.20.0 is directly connected, FastEthernet0/0
O    192.168.30.0/24 [110/2] via 172.16.20.1, 00:09:21, FastEthernet0/0
O    192.168.40.0/24 [110/2] via 172.16.20.1, 00:09:21, FastEthernet0/0
```

同理,RouterB 只能学习到 B 企业 VLAN 30 和 VLAN 40 的 OSPF 路由。

(2) 连通性测试。

PC1、PC2、PC3 和 PC4 的 IP 地址配置如表 14-1 所示。

表 14-1　PC1、PC2、PC3 和 PC4 的 IP 地址配置情况

配　置　项	PC1	PC2	PC3	PC4
IP 地址	192.168.10.10	192.168.20.10	192.168.30.10	192.168.40.10
子网掩码	255.255.255.0	255.255.255.0	255.255.255.0	255.255.255.0
网关	192.168.10.1	192.168.20.1	192.168.30.1	192.168.40.1

FTP Server1 和 FTP Server2 的 IP 地址配置如表 14-2 所示。

表 14-2　FTP Server1 和 FTP Server2 的 IP 地址配置情况

配　置　项	FTP Server1	FTP Server2
IP 地址	10.1.1.2	10.2.2.2
子网掩码	255.255.255.0	255.255.255.0
网关	10.1.1.1	10.2.2.1

测试主机和服务器之间的连通性,其中:

① PC1、PC2、PC3 和 PC4 之间可以相互连通,TTL 值为 127。

② PC1 和 PC2 可以连通 FTP Server1,TTL 值为 126,如图 14-3 所示。

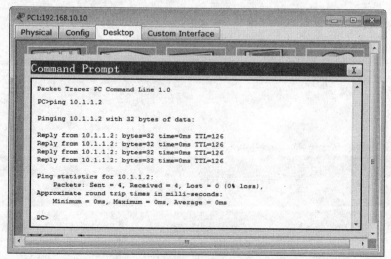

图 14-3　PC1、PC2 可以连通 FTP Server1

③ PC3 和 PC4 可以连通 FTP Server2，TTL 值为 126，见图 14-4。

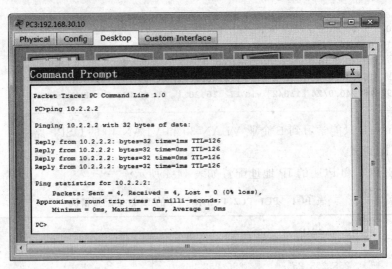

图 14-4　PC3、PC4 可以连通 FTP Server2

④ PC1 和 PC2 不可以连通 FTP Server2，PC3 和 PC4 不可以连通 FTP Server1，满足实验安全性需求。

【任务总结】

（1）OSPF 多进程用于将一个区域划分为多个相互隔离的逻辑区域，选用哪个进程号并不重要。

（2）运行 OSPF 协议的路由器要建立邻居关系，之间通告必须含有相同直连网段条目。

可变长子网 OSPF 单区域配置

【工作目的】

掌握子网地址计算方法和在非连续子网中 OSPF 路由协议配置与调试。

【工作任务】

配置可变长子网 OSPF 路由协议,实现子网之间相互连通。

【工作背景】

某公司部门之间通过 3 台路由器相互连通。为提高安全性并减少广播,IP 地址在规划中采用 VLSM 在网络中划分出若干子网,现要求配置 OSPF 路由协议,实现不同部门子网之间互通。

【任务分析】

C 类网络子网划分表如表 15-1 所示,读者应在理解计算方法的前提下记住,避免在具体应用中进行计算时而耽误时间。

表 15-1 C 类网络子网划分表

子网位长度	网络位加子网位长度	子网/网络掩码	反网络掩码
1	25	255.255.255.128	0.0.0.127
2	26	255.255.255.192	0.0.0.63
3	27	255.255.255.224	0.0.0.31
4	28	255.255.255.240	0.0.0.15
5	29	255.255.255.248	0.0.0.7
6	30	255.255.255.252	0.0.0.3

注意:

(1) 子网地址是网络位不变,子网位不变,将主机位定义为全 0。

(2) 子网广播地址是网络位不变,子网位不变,将主机位定义为全 1。

(3) 反网络掩码=255.255.255.255－网络掩码。

【设备器材】

- 1841 路由器 3 台(其中 RouterB 和 RouterC 需添加 WIC-1T 串口模块)。
- PC 3 台。

【环境拓扑】

本工作任务拓扑图如图 15-1 所示。

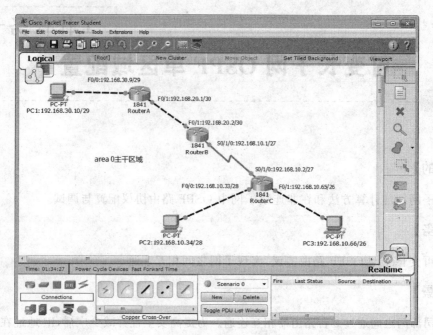

图 15-1　工作任务拓扑图

【工作步骤】

步骤 1：RouterA、RouterB 和 RouterC 接口 IP 地址的配置

```
RouterA # configure terminal
RouterA(config) # interface fastEthernet 0/0
RouterA(config-if) # ip address 192.168.30.9 255.255.255.248
RouterA(config-if) # no shutdown
RouterA(config-if) # exit
RouterA(config) # interface fastEthernet 0/1
RouterA(config-if) # ip address 192.168.20.1 255.255.255.252
RouterA(config-if) # no shutdown
RouterA(config-if) # exit
RouterA(config) #

RouterB # configure terminal
RouterB(config) # interface fastEthernet 0/1
RouterB(config-if) # ip address 192.168.20.2 255.255.255.252
RouterB(config-if) # no shutdown
RouterB(config-if) # exit
RouterB(config) # interface serial 0/1/0
RouterB(config-if) # ip address 192.168.10.1 255.255.255.224
RouterB(config-if) # no shutdown
RouterB(config-if) # exit
RouterB(config) #

RouterC # configure terminal
RouterC(config) # interface serial 0/1/0
RouterC(config-if) # ip address 192.168.10.2 255.255.255.224
```

```
RouterC(config - if)# no shutdown
RouterC(config - if)# exit
RouterC(config)# interface fastEthernet 0/0
RouterC(config - if)# ip address 192.168.10.33 255.255.255.240
RouterC(config - if)# no shutdown
RouterC(config - if)# exit
RouterC(config)# interface fastEthernet 0/1
RouterC(config - if)# ip address 192.168.10.65 255.255.255.192
RouterC(config - if)# no shutdown
RouterC(config - if)# exit
RouterC(config)#
```

步骤 2：配置 OSPF 路由协议

```
RouterA(config)# router ospf 10
RouterA(config - router)# network 192.168.30.8 0.0.0.7 area 0
```
//192.168.30.8/29 是 192.168.
//30.9/29 的子网地址。192.168.
//30.00001001 中有 5 位作为子网
//位，即 192.168.30 网络第 1 子网
//的第 1 个 IP 地址，子网地址将主
//机位定义为全 0，即 192.168.30.
//00001000 转换为十进制位的
//192.168.30.8

```
RouterA(config - router)# network 192.168.20.0 0.0.0.3 area 0
RouterA(config - router)# exit
RouterA(config)#

RouterB(config)# router ospf 10
RouterB(config - router)# network 192.168.20.0 0.0.0.3 area 0
RouterB(config - router)# network 192.168.10.0 0.0.0.31 area 0
RouterB(config - router)# exit
RouterB(config)#

RouterC(config)# router ospf 10
RouterC(config - router)# network 192.168.10.0 0.0.0.31 area 0
RouterC(config - router)# network 192.168.10.32 0.0.0.15 area 0
RouterC(config - router)# network 192.168.10.64 0.0.0.63 area 0
RouterC(config - router)# exit
RouterC(config)#
```

【任务测试】

（1）查看 RouterA 上接口的 IP 地址和路由表。

```
RouterA# show ip interface brief
```

Interface	IP - Address	OK?	Method	Status	Protocol
FastEthernet0/0	**192.168.30.9**	**YES**	**manual**	**up**	**up**
FastEthernet0/1	**192.168.20.1**	**YES**	**manual**	**up**	**up**
Vlan1	unassigned	YES	unset	administratively down	down

```
RouterA# show ip route
```

```
Codes: C - connected, S - static, I - IGRP, R - RIP, M - mobile, B - BGP
       D - EIGRP, EX - EIGRP external, O - OSPF, IA - OSPF inter area
       N1 - OSPF NSSA external type 1, N2 - OSPF NSSA external type 2
       E1 - OSPF external type 1, E2 - OSPF external type 2, E - EGP
       i - IS-IS, L1 - IS-IS level-1, L2 - IS-IS level-2, ia - IS-IS inter area
       * - candidate default, U - per-user static route, o - ODR
       P - periodic downloaded static route
Gateway of last resort is not set
     192.168.10.0/24 is variably subnetted, 3 subnets, 3 masks
O       192.168.10.0/27 [110/65] via 192.168.20.2, 00:12:14, FastEthernet0/1
O       192.168.10.32/28 [110/66] via 192.168.20.2, 00:09:31, FastEthernet0/1
O       192.168.10.64/26 [110/66] via 192.168.20.2, 00:00:06, FastEthernet0/1
     192.168.20.0/30 is subnetted, 1 subnets
C       192.168.20.0 is directly connected, FastEthernet0/1
     192.168.30.0/29 is subnetted, 1 subnets
C       192.168.30.8 is directly connected, FastEthernet0/0
```

注意：路由器串口链路默认带宽为 1.544Mbps，cost＝100/1.544＝64.7，取整后为 64。

（2）查看 RouterB 接口 IP 和路由表。

RouterB♯show ip interface brief

Interface	IP-Address	OK?	Method	Status	Protocol
FastEthernet0/0	unassigned	YES	unset	administratively down	down
FastEthernet0/1	**192.168.20.2**	**YES**	**manual**	**up**	**up**
Serial0/1/0	**192.168.10.1**	**YES**	**manual**	**up**	**up**
Vlan1	unassigned	YES	unset	administratively down	down

RouterB♯show ip route

```
Codes: C - connected, S - static, I - IGRP, R - RIP, M - mobile, B - BGP
       D - EIGRP, EX - EIGRP external, O - OSPF, IA - OSPF inter area
       N1 - OSPF NSSA external type 1, N2 - OSPF NSSA external type 2
       E1 - OSPF external type 1, E2 - OSPF external type 2, E - EGP
       i - IS-IS, L1 - IS-IS level-1, L2 - IS-IS level-2, ia - IS-IS inter area
       * - candidate default, U - per-user static route, o - ODR
       P - periodic downloaded static route
Gateway of last resort is not set
     192.168.10.0/24 is variably subnetted, 3 subnets, 3 masks
C       192.168.10.0/27 is directly connected, Serial0/1/0
O       192.168.10.32/28 [110/65] via 192.168.10.2, 00:20:23, Serial0/1/0
O       192.168.10.64/26 [110/65] via 192.168.10.2, 00:10:58, Serial0/1/0
     192.168.20.0/30 is subnetted, 1 subnets
C       192.168.20.0 is directly connected, FastEthernet0/1
     192.168.30.0/29 is subnetted, 1 subnets
O       192.168.30.8 [110/2] via 192.168.20.1, 00:23:05, FastEthernet0/1
```

（3）查看 RouterC 上接口的 IP 地址和路由表。

RouterC♯show ip interface brief

```
Interface              IP-Address        OK?     Method    Status                   Protocol
FastEthernet0/0        192.168.10.33     YES     manual    up                       up
FastEthernet0/1        192.168.10.65     YES     manual    up                       up
Serial0/1/0            192.168.10.2      YES     manual    up                       up
Vlan1                  unassigned        YES     unset     administratively down    down
```

RouterC♯show ip route

```
Codes: C - connected, S - static, I - IGRP, R - RIP, M - mobile, B - BGP
       D - EIGRP, EX - EIGRP external, O - OSPF, IA - OSPF inter area
       N1 - OSPF NSSA external type 1, N2 - OSPF NSSA external type 2
       E1 - OSPF external type 1, E2 - OSPF external type 2, E - EGP
       i - IS-IS, L1 - IS-IS level-1, L2 - IS-IS level-2, ia - IS-IS inter area
       * - candidate default, U - per-user static route, o - ODR
       P - periodic downloaded static route
Gateway of last resort is not set
     192.168.10.0/24 is variably subnetted, 3 subnets, 3 masks
C       192.168.10.0/27 is directly connected, Serial0/1/0
C       192.168.10.32/28 is directly connected, FastEthernet0/0
C       192.168.10.64/26 is directly connected, FastEthernet0/1
     192.168.20.0/30 is subnetted, 1 subnets
O       192.168.20.0 [110/65] via 192.168.10.1, 00:25:11, Serial0/1/0
     192.168.30.0/29 is subnetted, 1 subnets
O       192.168.30.8 [110/66] via 192.168.10.1, 00:25:11, Serial0/1/0
```

（4）连通性测试。

PC1、PC2 和 PC3 的 IP 地址配置如表 15-2 所示。

表 15-2　PC1、PC2 和 PC3 的 IP 地址配置情况

配 置 项	PC1	PC2	PC3
IP 地址	192.168.30.10	192.168.10.34	192.168.10.66
子网掩码	255.255.255.248	255.255.255.240	255.255.255.192
网关	192.168.30.9	192.168.10.33	192.168.10.65

PC1、PC2 和 PC3 之间可以相互连通，其中 PC1 与 PC2、PC3 的 TTL 值为 125，如图 15-2所示。

【任务总结】

（1）注意子网地址与子网广播地址的计算方式。子网地址是属于该子网中多个 IP 的集合，用于标识一个子网；子网广播地址用于广播至该子网中所有主机。

（2）相邻直连网段之间接口要连通，如不划分子网，要求网络号相同；如划分子网，要求网络号相同，子网号也要相同。

【任务拓展】

请读者根据图 15-3 配置 B 类和 C 类可变长子网 OSPF 路由，实现三个子网主机之间的相互连通。

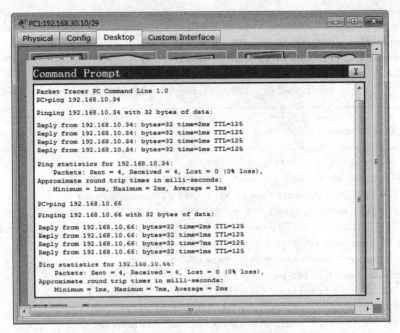

图 15-2　PC1、PC2 和 PC3 之间可以相互连通

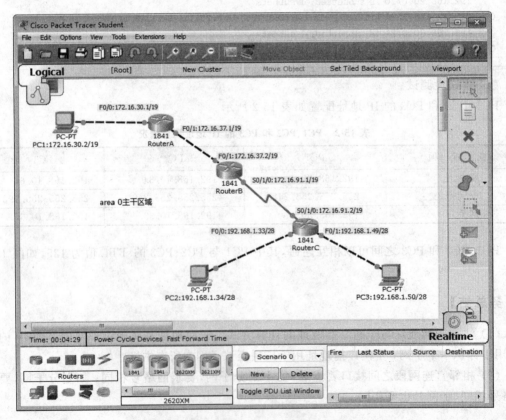

图 15-3　OSPF 路由配置拓扑图（B 类和 C 类可变长子网）

配置 PPP PAP 认证

【工作目的】

掌握 PPP PAP 认证过程及配置。

【工作任务】

配置 PPP 协议并启用 PAP 认证,保证链路数据传输的安全性。

【工作背景】

两个分公司路由器通过专线连接在一起,考虑到安全问题,公司路由器在建立链路前必须验证身份,核实无误后才能相互通信。现需要在两台路由上配置 PPP 协议达到这一目的,具体要求如下。

(1) 两台路由器配置 PPP 协议。

(2) 启用 PAP 认证。

(3) 在总部路由器(认证方,RouterB)上配置 DHCP,给 PC2 分配 IP 地址。

(4) 在两台路由器上配置默认路由,让 PC2 分配到 IP 地址后可以与 PC1 通信。

【任务分析】

1. PPP 协议及功能

PPP(Point to Point Protocol,点对点协议)是一种点到点串行通信协议,它基于网络层服务,为网络层提供点到点(主机到主机,路由器到路由器)之间的连接。PPP 协议主要解决以下四个问题。

(1) 成帧传输:每发送一帧在帧头和帧尾处加入标识,分为带填充字符的首尾界符法——每帧以 DLE STX(Start of Text)开头,以 DLE ETX(End of Text)结尾和带填充位的首尾标识法(用 01111110 作为帧的开始和结束标识)。

(2) 流量控制:为保证发送和接收速度匹配,避免因发送过快导致接收不及时造成接收方数据丢失。常用流量控制的方法有停等协议和滑动窗口协议。

(3) 差错控制:利用"差错检测技术"和"差错控制机制"对丢失或出错数据请求重发。

(4) 链路管理:双发主机链路建立、维持和释放三个过程。

为保证链路的安全性,连接建立后进行身份验证的目的是为了防止有人在未经授权的情况下成功连接,从而导致泄密。

2. PPP 协议的安全性

PPP 协议在建立连接前需核实对方身份,防止未授权连接导致的泄密问题,PPP 支持以下两种验证协议。

（1）口令验证协议（PAP）。认证方（服务器方）自定义账号和密码，被验证方（客户端）发送账号和密码（密码以明文方式传输）进行身份验证，采用二次握手建立连接，安全性较低。

（2）询问握手认证协议（CHAP）。采用三次握手方法周期性验证对方身份。认证方（服务器方）向被验证方（客户端）发送"挑战"信息，被验证方收到"挑战"信息后用指定算法计算出应答信息并返回给认证方，认证方比较应答信息是否正确来验证对方身份，在验证过程中不需传输密码，安全性较高。如使用 CHAP 协议，认证方在建立连接后每隔一段时间向被验证方发出一个新的"挑战"信息，核实对方身份。

【设备器材】

- 1841 路由器 2 台（添加 WIC-1T 串口模块）。
- PC 主机 2 台。

【环境拓扑】

本工作任务拓扑图如图 16-1 所示。

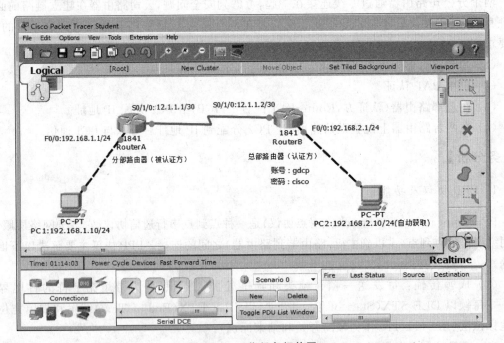

图 16-1　工作任务拓扑图

【工作步骤】

步骤 1：RouterA 和 RouterB 接口 IP 地址的配置

请读者根据图 16-1 拓扑自行配置路由器接口 IP 地址（注意路由器串口 IP 地址已划分子网），这里不再详细讲述配置过程。

步骤 2：在 RouterA 和 RouterB 上封装 PPP 协议并启用 PAP 认证

RouterA(config)#

```
RouterA(config)# interface serial 0/1/0
RouterA(config-if)# encapsulation ppp              //接口封装 PPP 协议
RouterA(config-if)# ppp pap sent-username gdcp password cisco   //被认证方配合采用 PAP 认证，
                                                   //账号和密码需向 RouterB 管理
                                                   //员索取
RouterA(config-if)# exit
RouterA(config)#

RouterB(config)#
RouterB(config)# interface serial 0/1/0
RouterB(config-if)# encapsulation ppp
RouterB(config-if)# ppp authentication pap         //验证方要求启用 PAP 认证
RouterB(config-if)# exit
RouterB(config)# username gdcp password cisco      //在全局模式下配置本地账号和密码数据库。
                                                   //账号名和密码由管理员自定义
RouterB(config)#
```

步骤 3：在 RouterA 和 RouterB 上配置静态默认路由

```
RouterA(config)# ip route 0.0.0.0 0.0.0.0 serial 0/1/0
RouterB(config)# ip route 0.0.0.0 0.0.0.0 serial 0/1/0
```

步骤 4：在 RouterB 上配置 DHCP 服务，给 PC2 分配 IP 地址

```
RouterB(config)#
RouterB(config)# ip dhcp pool topc2                       //topc2 是自定义的地址池名称
RouterB(dhcp-config)# network 192.168.2.0 255.255.255.0   //分配 IP 地址段
RouterB(dhcp-config)# default-router 192.168.2.1          //分配默认网关信息
RouterB(dhcp-config)# exit
RouterB(config)# ip dhcp excluded-address 192.168.2.1 192.168.2.9   //在全局配置模式下设置排
                                                         //除 IP 地址段(最小值和最
                                                         //大值)
RouterB(config)#
```

【任务测试】

(1) 查看 PC2 是否能获取正确的 IP 地址。

单击"PC2 主机"，在 Desktop→IP Configuration 中勾选 DHCP，并通过 ipconfig /all 命令查看其自动获取的 IP 地址信息，如图 16-2 所示。

(2) PC1 和 PC2 连通性测试。

配置 PC1 的 IP 地址：IP 地址为 192.168.1.10，子网掩码为 255.255.255.0，默认网关为 192.168.1.1。PC1 与 PC2 可以相互连通，TTL 值为 126，如图 16-3 所示。

【任务总结】

(1) 封装广域网协议时，要求 V.35 线缆两个端口上封装协议一致，身份验证无误才可以建立链路。如 RouterA 的 S0/1/0 封装 PPP 协议，RouterB 的 S0/1/0 不封装 PPP 协议，此时不能连通；封装 PPP 协议时，账号和密码认证错误也不能连通。

(2) 路由器只有串口才可以封装 PPP 协议，以太网口不可以封装 PPP 协议。

(3) PAP 认证设置本地账号名和密码，需在全局配置模式下设置，不能在接口模式下设置。

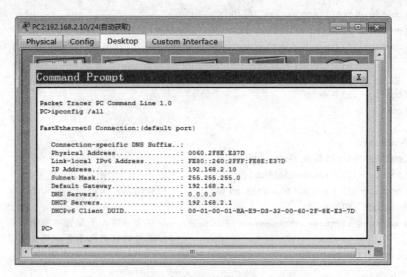

图 16-2　PC2 能获得正确 IP 地址

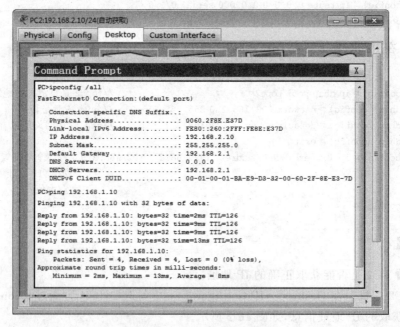

图 16-3　PC1 与 PC2 相互连通

（4）在配置 PAP 认证时，锐捷部分路由器验证方不能自定义账号名，必须以被验证方（对方）路由器的 hostname 值作为账号名，否则无法连通；而思科设备可以任意自定义账号名和密码。

（5）PAP 认证采用二次握手方式单向认证，认证时密码以明文方式传输，安全性较低。

配置 PPP CHAP 认证

【工作目的】

掌握 PPP CHAP 认证过程及配置。

【工作任务】

配置 PPP 协议并启用 CHAP 认证,保证链路数据传输的安全性。

【工作背景】

某公司的两个分公司路由器通过专线连接在一起,考虑到安全问题,该公司路由器在建立链路前必须验证身份,核实无误后才能相互通信。现需要在两台路由器上配置 PPP 协议达到这一目的,具体要求如下。

(1) 两台路由器配置 PPP 协议。

(2) 启用 PAP 认证。

(3) 在总部路由器(认证方,RouterB)上配置 DHCP 中继,给 PC2 分配 IP 地址。

(4) 在分部路由器(被认证方,RouterA)上配置 DHCP 中继,给 PC1 分配 IP 地址。

(5) 在两台路由器上配置默认路由,让 PC2 可以与 PC1 通信。

【任务分析】

PPP 协议的第二种认证方式是 CHAP(Challenge Handshake Authentication Protocol,询问握手认证协议)认证。CHAP 通过三次握手周期性验证对方身份防止重放攻击,具体过程如下。

(1) 链路建立阶段结束后,认证方向对方(被认证方)发送 challenge 消息。

(2) 被认证方利用单向哈希函数计算消息值并返回给认证方。

(3) 认证方自身计算哈希值并与之匹配,如果双方计算结果相同则通过认证,否则拒绝建立链路。

(4) 认证通过后建立连接,并周期性地向认证方发送一个新的 challenge 要求验证对方身份,重复步骤(1)~(3)。

CHAP 认证时密码不需要在链路中传输,安全性较高。

【设备器材】

- 1841 路由器 2 台(添加 WIC-1T 串口模块)。
- PC 2 台。

【环境拓扑】

本工作任务拓扑图如图 17-1 所示。

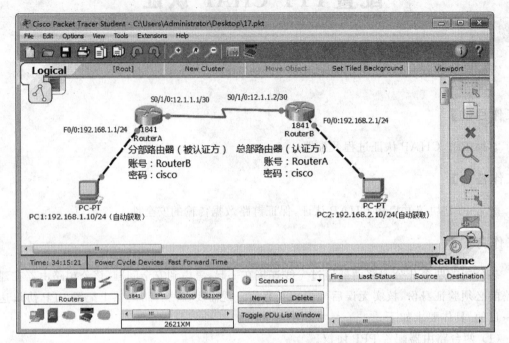

图 17-1　工作任务拓扑图

步骤 1：RouterA 和 RouterB 接口 IP 地址的配置

请读者根据图 17-1 拓扑自行配置路由器接口 IP 地址，注意路由器串口 IP 地址已划分子网。

步骤 2：在 RouterA 和 RouterB 上封装 PPP 协议并启用 CHAP 认证

```
RouterA(config)#
RouterA(config)# interface serial 0/1/0
RouterA(config-if)# encapsulation ppp
RouterA(config-if)# exit
RouterA(config)# username RouterB password cisco      //CHAP 认证必须以对方路由器 hostname 作为本
                                                      //地账号，否则无法通过认证。双方密码必须事
                                                      //先协商一致，否则无法通过认证
RouterA(config)#

RouterB(config)#
RouterB(config)# interface serial 0/1/0
RouterB(config-if)# encapsulation ppp
RouterB(config-if)# ppp authentication chap           //验证方要求启用 CHAP 认证
RouterB(config-if)# exit
RouterB(config)# username RouterA password cisco       //双方以对方路由器 hostname 作为本地账号。
                                                      //密码需双方协商一致，否则无法通过认证
RouterB(config)#
```

步骤3：在 RouterA 和 RouterB 上配置静态默认路由

```
RouterA(config)#ip route 0.0.0.0 0.0.0.0 serial 0/1/0
RouterB(config)#ip route 0.0.0.0 0.0.0.0 serial 0/1/0
```

步骤4：在 RouterB 上配置 DHCP 服务，给 PC2 分配 IP 地址

```
RouterB(config)#
RouterB(config)#ip dhcp pool topc2                    //给 PC2 分配的 IP 地址池
RouterB(dhcp-config)#network 192.168.2.0 255.255.255.0
RouterB(dhcp-config)#default-router 192.168.2.1
RouterB(dhcp-config)#exit
RouterB(config)#ip dhcp pool topc1                    //给 PC1 分配的 IP 地址池
RouterB(dhcp-config)#network 192.168.1.0 255.255.255.0
RouterB(dhcp-config)#default-router 192.168.1.1
RouterB(dhcp-config)#exit
RouterB(config)#ip dhcp excluded-address 192.168.2.1 192.168.2.9   //topc2 地址池排除分配
                                                                   //IP 范围
RouterB(config)#ip dhcp excluded-address 192.168.1.1 192.168.1.9   //topc1 地址池排除分配
                                                                   //IP 范围
```

步骤5：在 RouterA 上配置 DHCP 中继，给 PC1 分配 IP 地址

```
RouterA(config)#
RouterA(config)#interface fastEthernet 0/0
RouterA(config-if)#ip helper-address 12.1.1.2
```

注意：此时 RouterA 的 F0/0 接口将作为 DHCP 中继代理，它接收 PC1 请求广播包并以单播方式转发给 12.1.1.2(能与 RouterB ping 通的接口 IP 地址都可以用，也可以用 192.168.2.1，但在实际工程中要考虑穿越 NAT 的问题)。RouterB 收到 DHCP 请求后，从众多地址池中选择一个和 DHCP 中继代理同一网段(192.168.1.0)的地址池，将待分配的 IP 地址返回给 RouterA 的 F0/0 接口，F0/0 接口再向相应 PC1 请求。因此，尽管 RouterB 有多个地址池，PC1 只能获得 192.168.1.0 网段的 IP 地址。

RouterA 此时有两个地址池，分别是 192.168.1.0 和 192.168.2.0 网段。其中，PC2 只能获得 192.168.2.0 网段地址池，因为其与 RouterB 的 F0/0 接口处于同一网段。RouterB 的 F0/0 接口收到广播请求后，从众多地址池中选择一个和当前接口 IP 地址同一网段(192.168.2.0)的地址池，将待分配的 IP 地址返回给 PC2。

【任务测试】

(1) 查看 PC1 是否能获取到正确的 IP 地址。

将 PC1 的 IP 地址设置为 DHCP，通过 ipconfig /all 命令查看其自动获取的 IP 地址信息，如图 17-2 所示。

(2) 查看 PC2 是否能获取到正确的 IP 地址。

将 PC1 的 IP 设置为 DHCP，通过 ipconfig /all 命令查看其自动获取的 IP 地址信息，如图 17-3 所示。

(3) PC1 和 PC2 连通性测试。

PC1 与 PC2 获得到正确的 IP 地址后可以相互连通，TTL 值为 126，如图 17-4 所示。

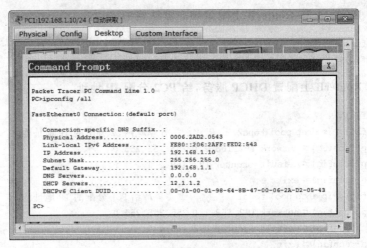

图 17-2　PC1 能获得的正确 IP 地址

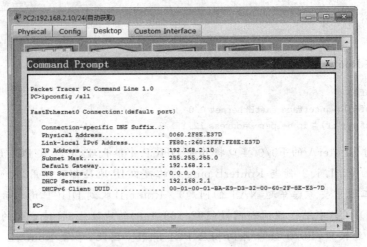

图 17-3　PC2 能获得的正确 IP 地址

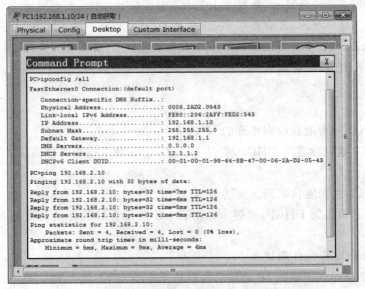

图 17-4　PC1 与 PC2 相互连通

【任务总结】

(1) 配置 CHAP 认证时,不能自定义账号名,必须以对方路由器 hostname 作为本地账号名,这点与配置 PAP 认证不同(配置 PAP 认证可以自定义账号名,但建议同样以对方路由器 hostname 作为本地账号名,以减少出错)。

(2) 配置 CHAP 认证时,可以自定义密码,但双方路由器配置的本地密码必须严格一致(区分大小写),否则无法通过验证。读者可以尝试设置不同密码测试两台路由器 S0/1/0 之间的连通性。

(3) PAP 认证采用单向认证,RouterB 创建账号和密码,RouterA 发送账号和密码;CHAP 认证采用双向认证,双方都要在本地创建账号和密码;发送账号和密码时,双方自动将存储在本地的账号名(对方设备为 hostname)作为账号名和密码(需要双方事先协商)发送给对方。

工作任务十八
交换机端口安全

【工作目的】

掌握交换机端口安全功能,控制用户的安全接入。

【工作任务】

配置交换机端口最大连接数,将交换机端口与主机地址绑定。

【工作背景】

某校园为防止未授权主机访问校园网,管理员要求对计费端口严格控制,为每一位学生分配固定的 IP 地址,并且只允许该学生的主机使用网络,一个端口不得再连接其他主机。例如,某学生分配的 IP 地址是 172.16.1.55/24,上报的主机 MAC 地址是 00-06-1B-DE-13-B4,连接在学校二层交换机 2950 的 F0/1 上,该端口不能再接入其他 IP 地址和主机,也不能再接入交换机共享上网端口。

【任务分析】

交换机端口安全(Port Security)技术分为两种:第一种是限制交换机端口最大连接数,第二种是将交换机端口进行 MAC 地址和 IP 地址的绑定。

(1)限制交换机端口最大连接数可以限制交换机端口下连的主机数量,并防止未计费用户共享端口接入,也可以防范 ARP 欺骗(伪造 IP 地址与 MAC 地址关系欺骗交换机)。

(2)将交换机端口与主机地址绑定,可以针对 IP 地址、MAC 地址、IP+MAC 进行灵活绑定以实现对用户主机的严格控制,限制未授权主机访问和恶意攻击。

启用交换机端口安全策略后,当实际应用超出安全策略限制时,将产生违例事件。交换机处理违例事件有以下三种方式。

- 保护(Protect)。丢弃未授权主机的 MAC 地址流量,但不会创建日志消息,也不会影响授权主机访问。
- 限制(Restrict)。丢弃未授权主机的 MAC 地址流量,创建日志消息并发送 SNMP Trap 消息至交换机管理软件,通知管理员处理,但不影响授权主机访问。
- 关闭(Shutdown,默认模式)。当产生违例事件时,将端口关闭并发送 SNMP Trap 消息。交换机端口关闭会影响授权主机访问,必须在全局配置模式下使用 errdisable recovery 命令将接口从错误状态中恢复。

【设备器材】

- 2950 交换机 1 台。

- Generic 集线器 1 台。
- PC 3 台。

【环境拓扑】

本工作任务拓扑图如图 18-1 所示。

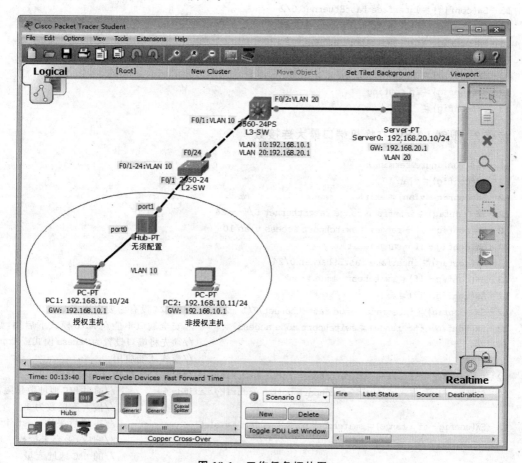

图 18-1　工作任务拓扑图

【工作步骤】

步骤 1：L3-SW 交换机端口配置

```
L3 - SW(config) #
L3 - SW(config) # vlan 10
L3 - SW(config - vlan) # vlan 20
L3 - SW(config - vlan) # exit
L3 - SW(config) # interface vlan 10
L3 - SW(config - if) # ip address 192.168.10.1 255.255.255.0
L3 - SW(config - if) # no shutdown
L3 - SW(config - if) # exit
L3 - SW(config) # interface vlan 20
L3 - SW(config - if) # ip address 192.168.20.1 255.255.255.0
L3 - SW(config - if) # no shutdown
```

```
L3 - SW(config - if) # exit
L3 - SW(config) # interface fastEthernet 0/1
L3 - SW(config - if) # switchport access vlan 10
L3 - SW(config - if) # switchport trunk encapsulation dot1q
L3 - SW(config - if) # switchport mode trunk
L3 - SW(config - if) # exit
L3 - SW(config) # interface fastEthernet 0/2
L3 - SW(config - if) # switchport mode access
L3 - SW(config - if) # switchport access vlan 20
L3 - SW(config - if) # exit
L3 - SW(config) #
L3 - SW(config) # ip routing
L3 - SW(config) #
```

步骤 2：限制 L2-SW 交换机端口最大连接数

```
L2 - SW # configure terminal
L2 - SW(config) # vlan 10
L2 - SW(config - vlan) # exit
L2 - SW (config) # interface range fastEthernet 0/1 - 24
L2 - SW(config - if - range) # switchport access vlan 10
L2 - SW(config - if - range)exit
L2 - SW(config) # interface fastEthernet 0/24
L2 - SW(config - if) # switchport mode trunk
L2 - SW(config - if) # exit
L2 - SW (config) # interface range fastEthernet 0/1 - 23    //F0/24 没有必要启用安全端口
L2 - SW(config - if - range) # switchport mode access       //安全端口不能在 Auto 模式下启用,必
                                                            //须先将端口设置为 Access 模式或 Trunk
                                                            //模式才能启用
L2 - SW (config - if - range) # switchport port - security   //启用交换机端口安全策略
L2 - SW (config - if - range) # switchport port - security maximum 1    //通过 MAC 地址数量限制
                                                            //最大连接数为 1
L2 - SW (config - if - range) # switchport port - security violation restrict   //违例后采取 restrict
                                                            //响应,丢弃未授权主机
                                                            //的 MAC 地址流量
L2 - SW(config - if - range) # exit
L2 - SW(config) #
```

步骤 3：交换机端口最大连接数效果测试

PC1、PC2 和 Server0 的 IP 地址配置如表 18-1 所示。

表 18-1   PC1、PC2 和 Server0 的 IP 地址配置情况

配 置 项	PC1	PC2	Server0
IP 地址	192.168.10.10	192.168.10.11	192.168.20.10
子网掩码	255.255.255.0	255.255.255.0	255.255.255.0
网关	192.168.10.1	192.168.10.1	192.168.20.1

将 PC2 接入集线器(集线器属于物理层设备,没有 MAC 地址),如图 18-2 所示。在本任务配置中,交换机端口限制的最大接入 MAC 地址数为 1。由于 PC2 后接入,属于违例事件——接入后不会立刻产生违例事件,只有当未授权主机与其他端口(本例是 F0/2~F0/24

接口)通信时才会产生违例事件,此时交换机丢弃未授权 PC2 的 MAC 地址流量,致使 PC2 无法与服务器连通,如图 18-3 所示。

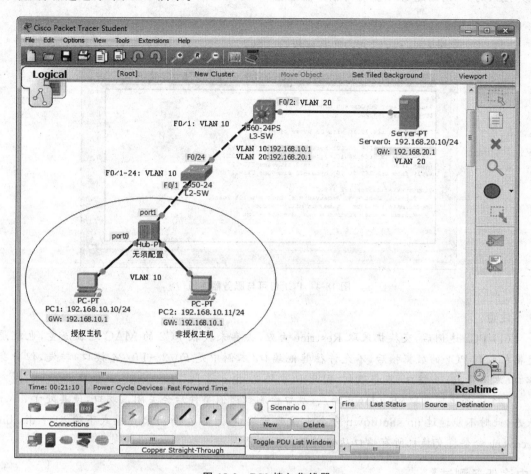

图 18-2 PC2 接入集线器

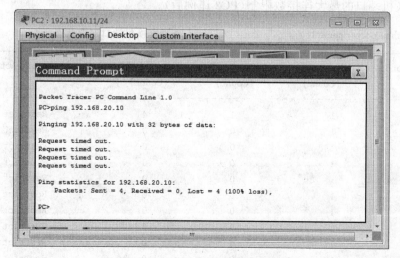

图 18-3 PC2 无法与服务器 Server 连通

　　违例事件发生后交换机采取 Restrict 响应,仅丢弃未授权 PC2 的 MAC 地址流量,不影响原先接入的 PC1,因此 PC1 仍可与服务器连通,如图 18-4 所示。

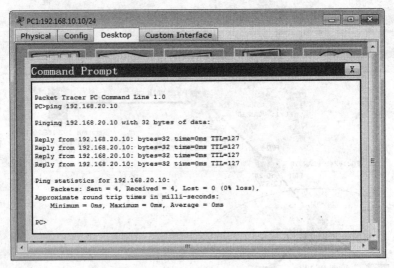

图 18-4　PC1 仍可与服务器连通

　　注意:

　　(1) PC2 违例后,交换机采取 Restrict 响应,丢弃未授权 PC2 的 MAC 地址流量,也就是交换机收到 PC2 的数据帧后,不允许往其他端口(本例中是 F0/2～F0/24 接口)转发,但自身端口(本例是 F0/1 接口)不受限制,因此 PC2 仍能 ping 通 PC1。

　　(2) 假如违例采取 shutdown 响应,端口检测到违例事件后会关闭该端口,使其处于 down 状态,此时不能通过 no shutdown 命令重新开启端口,可以在全局配置模式下输入 errdisable recovery 命令将交换机所有端口从错误模式下恢复。

【中途任务测试】

　　验证交换机端口的最大连接数限制(PC2 违例后)。

L2 - SW# show port - security　　　　　　　　　//查看交换机端口安全状态

Secure Port	MaxSecureAddr (Count)	CurrentAddr (Count)	SecurityViolation (Count)	Security Action
Fa0/1	1	1	4	Restrict
Fa0/2	1	0	0	Restrict
Fa0/3	1	0	0	Restrict
Fa0/4	1	0	0	Restrict
Fa0/5	1	0	0	Restrict
Fa0/6	1	0	0	Restrict
Fa0/7	1	0	0	Restrict
Fa0/8	1	0	0	Restrict
Fa0/9	1	0	0	Restrict
Fa0/10	1	0	0	Restrict

Fa0/11	1	0	0	Restrict
Fa0/12	1	0	0	Restrict
Fa0/13	1	0	0	Restrict
Fa0/14	1	0	0	Restrict
Fa0/15	1	0	0	Restrict
Fa0/16	1	0	0	Restrict
Fa0/17	1	0	0	Restrict
Fa0/18	1	0	0	Restrict
Fa0/19	1	0	0	Restrict
Fa0/20	1	0	0	Restrict
Fa0/21	1	0	0	Restrict
Fa0/22	1	0	0	Restrict
Fa0/23	1	0	0	Restrict

注意：Protect 不会显示违例事件,只有 Restrict 和 shutdown 才会显示违例事件。由于 PC2 ping 服务器 Server 共发了 4 次 echo 包,如图 18-3 所示,因此交换机共检测到 4 个违例事件。如果交换机检测不到任何违例事件,检查相应动作是否设为 Protect(不会显示违例事件),或者将 PC2 ping 服务器 Server 后(产生违例事件)即可查看到违例事件。

L2 - SW # show port - security interface fastEthernet 0/1   //查看 F0/1 接口安全状态

```
Port Security                 : Enabled
Port Status                   : Secure - up
Violation Mode                : Restrict
Aging Time                    : 0 mins
Aging Type                    : Absolute
SecureStatic Address Aging    : Disabled
Maximum MAC Addresses         : 1
Total MAC Addresses           : 1
Configured MAC Addresses      : 1
Sticky MAC Addresses          : 0
Last Source Address:Vlan      : 000A.F3B2.5B43:10   //PC1 的 MAC 地址（视具体情况而定）
Security Violation Count      : 4
```

步骤 4：配置交换机 F0/1 接口的 MAC 地址绑定

由于 PC1 已经接入并授权,此时不允许在 F0/1 接口绑定新的 MAC 地址(即使绑定的 MAC 地址与 PC1 的 MAC 地址相同),需先将 L2-SW 中的 F0/1 接口线缆拔除,如图 18-5 所示,再绑定 F0/1 接口的 MAC 地址。单击 PC1,在 Config→FastEthernet 0 中查看和复制 PC1 的 MAC 地址为 000A.F3B2.5B43(视具体情况而定),如图 18-6 所示。也可以在 PC1 命令窗口中输入 ipconfig /all 命令查看其 MAC 地址。

然后,将 L2-SW 交换机 F0/1 接口与 PC1 的 MAC 地址绑定。

L2 - SW(config) # interface fastEthernet 0/1
L2 - SW(config - if) # switchport port - security mac - address 000A.F3B2.5B43
                                       //该型号交换机不支持绑定 IP 地址

最后,将集线器接入 L2-SW 的 F0/1 接口。

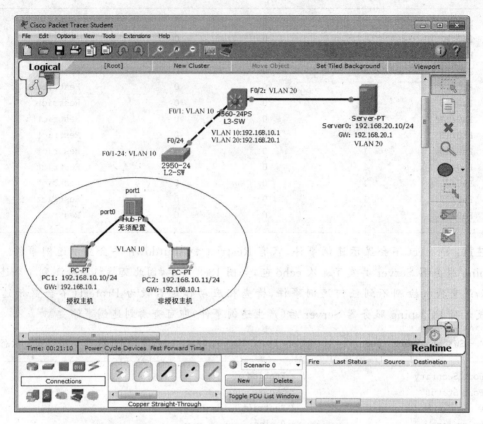

图 18-5 拔除 L2-SW 中 F0/1 接口的线缆

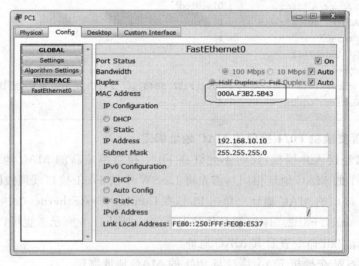

图 18-6 获取 PC1 的 MAC 地址

【任务测试】

（1）查看交换机地址绑定信息。

L2 – SW# show port – security address   //查看交换机绑定的地址信息

Secure MAC Address Table

```
--------------------------------------------------------------------------
Vlan        MAC Address        Type            Ports Remaining Age(mins)

10          000A.F3B2.5B43     SecureConfigured    FastEthernet0/1
--------------------------------------------------------------------------
Total Addresses in System (excluding one mac per port)     : 0
Max Addresses limit in System (excluding one mac per port) : 1024
```

（2）验证 MAC 地址绑定。

将 PC1 的 MAC 地址 000A.F3B2.5B43（视具体情况而定）改为 000A.F3B2.5B40（也可以将 PC1 删除，替换为其他主机），发现 PC1 与服务器无法连通，如图 18-7 所示。

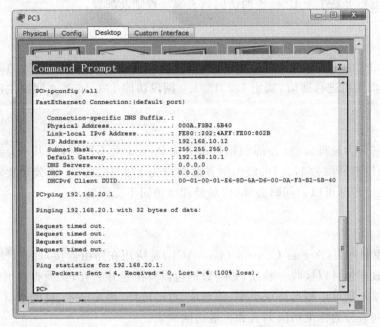

图 18-7　更改 MAC 地址后 PC1 与服务器无法连通

【任务总结】

（1）当交换机违例响应设置为 shutdown 时，交换机端口关闭会影响授权主机访问，必须在全局配置模式下使用 errdisable recovery 命令将接口从错误状态中恢复。

（2）errdisable recovery 命令是在全局配置模式下输入，不能在配置接口模式下输入，也不能指定某个端口从错误状态中恢复，它会将交换机所有端口从错误状态中恢复。

（3）思科 Packet Tracer 不支持交换机端口绑定 IP 地址，也不支持 errdisable recovery 命令。

（4）Protect 不会显示违例事件，只有 Restrict 和 shutdown 违例响应处理方式才会显示违例事件。

（5）交换机最大连接数（maximum）限制数的取值范围是 1～132，默认是 132；默认违例响应处理方式为 shutdown。

（6）不要在已接入主机的端口上绑定 MAC 地址。

标准 IP 访问控制列表

【工作目的】

掌握在路由器上基于源 IP 标准的访问列表编写规则及配置。

【工作任务】

利用标准 IP 访问控制列表并对网络流量进行安全控制,只允许 172.16.2.0 网段与 172.16.4.0 网段主机进行通信,禁止 172.16.1.0 网段访问 172.16.4.0 网段主机。

【工作背景】

某公司内网分为经理部、财务部和销售部并隶属于 3 个不同网段,其中,经理部网段为 172.16.2.0,销售部网段为 172.16.1.0,财务部网段为 172.16.4.0。该公司要求销售部不能访问财务部,但经理部可以访问财务部(即对经理部访问不受限制)。

【任务分析】

(1) 访问控制列表(Access Control Lists,ACL)是应用在路由器接口的过滤规则,用于告诉路由器哪些数据包可以接收并转发,哪些数据包需要拒绝并丢弃,从而提高网络的可管理性和安全性。过滤规则可以根据协议类型、源地址、目的地址、源端口号、目的端口号优先级等确定。访问控制列表分为标准访问列表和扩展访问列表。

① 标准访问列表:只能基于 IP 协议的源 IP 地址进行过滤。由于"TCP 协议=IP 协议+端口号",即标准 IP 访问列表不能基于端口号过滤数据包,也不能基于目的 IP 地址过滤数据包。

② 扩展访问列表:可以根据数据包源 IP 地址、目的 IP 地址、目的端口号、协议类型对数据包过滤,不能基于源端口号进行过滤(源端口号随机产生,不能提前预知)。

(2) 访问控制列表命名有如下两种方式。

① 基于编号的访问控制列表。其中,标准访问控制列表编号的范围是 1~99、1 300~1 999,如 access-list 10;扩展访问列表编号的范围是 100~199、2 000~2 699,如 access-list 110。

② 基于名称的访问控制列表。如标准 ACL 中自定义表名为 cisco:ip access-list standard cisco;扩展 ACL 中自定义表名为 firewall:ip access-list extended firewall。

(3) 访问控制列表接口应用规则分为入栈(in)应用和出栈(out)应用。

① 入栈(in)应用是指数据包经接口进入路由器时进行过滤,路由器收到数据包,一般配置于离源地址最近。

② 出栈(out)应用是指数据包从路由器经接口向外转发时进行过滤,路由器发出数据包,一般配置于离目的地址最近。

【设备器材】

- 1841 路由器 2 台（RouterA 中添加 WIC-1ENET 10M 以太网模块）。
- PC 3 台。

【环境拓扑】

本工作任务拓扑图如图 19-1 所示。

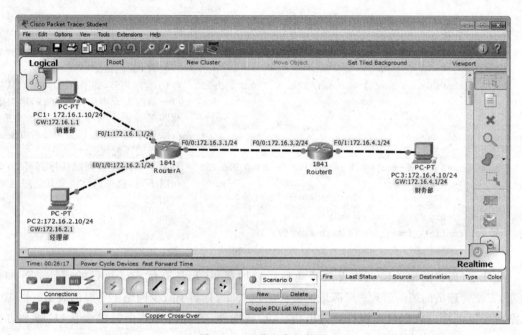

图 19-1　工作任务拓扑图

【工作步骤】

步骤 1：RouterA 和 RouterB 接口 IP 地址的配置

请读者根据图 19-1 拓扑自行配置路由器接口的 IP 地址，注意路由器串口 IP 地址已划分子网。

步骤 2：在 RouterA 和 RouterB 上配置静态路由

```
RouterA(config)# ip route 0.0.0.0 0.0.0.0 172.16.3.2
RouterB(config)# ip route 0.0.0.0 0.0.0.0 172.16.3.1
```

步骤 3：在 RouterB 上配置标准 IP 访问控制列表

此步骤有以下两种方法，可选择其中任意一种方法。

方法一：基于编号的访问控制列表创建方式。

```
RouterB(config)# access-list 10 deny 172.16.1.0 0.0.0.255
```
　　　　　　　　//创建标准ACL,访问控制列表表名为10,
　　　　　　　　//表中第一行规则拒绝源 172.16.1.0 网
　　　　　　　　//段数据包。0.0.0.255 是反网络掩码,
　　　　　　　　//精确到前 24 位。172.16.1.0 是源
　　　　　　　　//IP 网段,标准 ACL 不能指定目的 IP

```
                                                           //网段
RouterB(config)#access-list 10 permit 172.16.2.0 0.0.0.255 //在标准 ACL 10 表配置第二条规则,允
                                                           //许源 172.16.2.0 网段数据包
RouterB(config)#interface fastEthernet 0/1
RouterB(config-if)#ip access-group 10 out                  //在 RouterB 的 F0/1 接口出栈(out)
                                                           //应用访问控制列表 10。access-group
                                                           //可以看成是 access-list 的集合,
                                                           //一个接口可以同时加载多个 access-
                                                           //list 列表
```

方法二：基于名称的访问控制列表创建方式。

```
RouterB(config)#ip access-list standard deny_sale          //创建标准 ACL,自定义访问控制列表
                                                           //名为 deny_sale
RouterB(config-std-nacl)#10 deny 172.16.1.0 0.0.0.255      //10 是序列号,如不写 10,ACL 默认第
                                                           //一条匹配规则序列号为 10,第二条
                                                           //匹配规则序列号为 20,以此类推。
                                                           //默认序列号不连续是为日后方便插
                                                           //入新的匹配规则
RouterB(config-std-nacl)#20 permit 172.16.2.0 0.0.0.255    //第二条匹配规则默认序列号 20 可
                                                           //以不写,也可以自定义其他序列号,
                                                           //如 15
RouterB(config-std-nacl)#exit
RouterB(config)#interface fastEthernet 0/1
RouterB(config-if)#ip access-group deny_sale out
```

应注意,离目的地址最近或者离源地址最近加载 ACL 各有优点。离目的地址最近加载 ACL,方便管理员的统一管理;离源地址最近加载 ACL,有利于减少网络不必要的流量。图 19-2 是路由器各个接口数据包入栈(in)与出栈(out)流向图,究竟应在路由器哪个接口、哪个方向加载 ACL,需视具体情况而定。

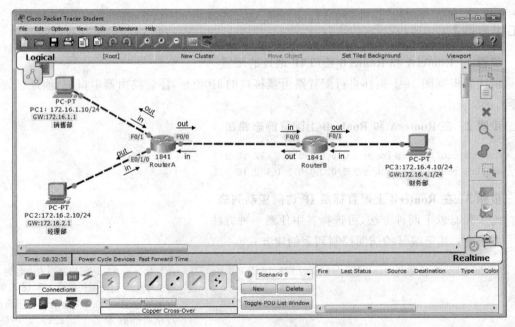

图 19-2　入栈(in)与出栈(out)流向图

在本例中：

(1) 在 RouterA 中 F0/1 的入栈(in)方向加载 ACL,可以在源头上过滤数据包,减少网络流量,但需要在 RouterA 中 F0/1 的入栈(in)方向同时加载 ACL,不方便管理。

(2) 在 RouterA 中 F0/1 的出栈(out)方向加载 ACL 不合理,也不能达到限制 172.16.1.0 网段访问 172.16.4.0 网段的目的,因为出栈(out)方向是数据包返回时 RouterA 的 F0/1 口将数据转发给 172.16.1.0 网段,此时限制的源 IP 段应为 172.16.4.0 网段,不应是 172.16.1.0 网段。

(3) 在 RouterA 中 F0/0 的入栈(in)方向加载 ACL 不合理,也不能达到限制 172.16.1.0 网段访问 172.16.4.0 网段的目的,原因同(2)。

(4) 在 RouterA 中 F0/0 的出栈(out)方向加载 ACL 可以达到题目需求,也可以减少网络流量,但不方便管理,因为管理员一般在网关出口处即 RouterB 中统一管理。

(5) 在 RouterB 中 F0/0 的入栈(in)方向加载 ACL 可以达到题目需求,虽然网络中会产生不必要的流量,但方便管理员管理,较为合理。如果 RouterB 有三个以上接口,则需在多个接口同时加载 ACL,配置烦琐。

(6) 在 RouterB 中 F0/0 的出栈(out)方向加载 ACL 不合理,也不能达到限制 172.16.1.0 网段访问 172.16.4.0 网段的目的,原因同(2)。

(7) 在 RouterB 中 F0/1 的入栈(in)方向加载 ACL 不合理,也不能达到限制 172.16.1.0 网段访问 172.16.4.0 网段的目的,原因同(2)。

(8) 在 RouterB 中 F0/1 的出栈(out)方向加载 ACL 最为合理,离目的地址最近,虽然网络中会产生不必要的流量,但方便管理员管理最为重要。

步骤 4：查看 RouterB 访问控制列表

RouterB # show access - lists   //查看所有 ACL(方法一配置结果)

```
Standard IP access list 10
10 deny 172.16.1.0 0.0.0.255          //第一条匹配规则默认序列号是 10
20 permit 172.16.2.0 0.0.0.255        //第二条匹配规则默认序列号是 20
```

注意：

(1) 一个接口可以加载多个访问控制列表。

(2) 假如要把 ACL 的 10 表删除,在全局配置模式下输入 no access-list 10,10 表所有匹配规则也随之删除。假如只删除 10 表中第一条匹配规则,命令如下：

```
RouterB(config) # ip access - list standard 10
RouterB(config - std - nacl) # no 10
```

假如只删除 10 表中第二条匹配规则,命令如下：

```
RouterB(config) # ip access - list standard 10
RouterB(config - std - nacl) # no 20
```

(3) 路由器通过 ACL 进行过滤数据包时,根据 ACL 表中序列号逐行匹配,如满足某条匹配规则,立即根据规则转发或丢弃数据包,不再向下匹配。如 PC1 172.16.1.10 访问 PC3 172.16.4.10 满足第一条匹配规则(序列号是 10),则根据规则丢弃其数据包,然后退出 ACL,不再匹配剩余条目(即序列号 20 及其以下条目不再逐条匹配)。

（4）访问控制列表执行最严格限制，如 ACL 没有发现任何匹配项，则默认丢弃数据包，也就是说，系统会自动在 ACL 表中最后增加一条匹配规则 deny any（在 show access-lists 中看不到此匹配规则），其中 any 表示任意网段，可以用"0.0.0.0 0.0.0.0"表示，即"deny 0.0.0.0 0.0.0.0"。例如，PC1 172.16.3.10 访问 PC3 172.16.4.10，ACL 找不到满足的匹配项，则默认丢弃数据包。

　　步骤 5：查看 RouterB 的 ACL 应用接口

RouterB# show ip interface fastEthernet 0/1　　　　//查看 RouterB 应用在接口 F0/1 上的控制列表

```
FastEthernet0/1 is up, line protocol is up (connected)
Internet address is 172.16.4.1/24
Broadcast address is 255.255.255.255
Address determined by setup command
MTU is 1500 bytes
Helper address is not set
Directed broadcast forwarding is disabled
Outgoing access list is 10                    //在 F0/1 接口出栈(out)方向加载 ACL 10
Inbound access list is not set
Proxy ARP is enabled
Security level is default
Split horizon is enabled
ICMP redirects are always sent
ICMP unreachables are always sent
ICMP mask replies are never sent
IP fast switching is disabled
IP fast switching on the same interface is disabled
IP Flow switching is disabled
IP Fast switching turbo vector
IP multicast fast switching is disabled
IP multicast distributed fast switching is disabled
Router Discovery is disabled
IP output packet accounting is disabled
IP access violation accounting is disabled
TCP/IP header compression is disabled
RTP/IP header compression is disabled
Probe proxy name replies are disabled
Policy routing is disabled
Network address translation is disabled
BGP Policy Mapping is disabled
Input features: MCI Check
WCCP Redirect outbound is disabled
WCCP Redirect inbound is disabled
WCCP Redirect exclude is disabled
```

【任务测试】

　　PC1、PC2 和 PC3 的 IP 地址配置如表 19-1 所示。

表 19-1 PC1、PC2 和 PC3 的 IP 地址配置情况

配　置　项	PC1	PC2	PC3
IP 地址	172.16.1.10	172.16.2.10	172.16.4.10
子网掩码	255.255.255.0	255.255.255.0	255.255.255.0
网关	172.16.1.1	172.16.2.1	172.16.4.1

(1) PC1(销售部)可以 ping 通 PC2(经理部),但不能 ping 通 PC3(财务部),显示数据包无法向 172.16.3.2 投递(PC1 能 ping 通 172.16.3.2,但转发至下一跳 172.16.4.10 时被 RouterA 的 F0/0 接口丢弃),如图 19-3 所示。

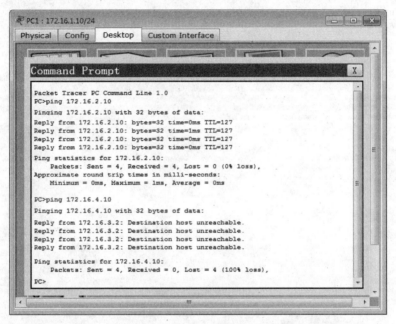

图 19-3 PC1 可以 ping 通 PC2,但不能 ping 通 PC3

(2) PC2(经理部)可以 ping 通 PC3(财务部),TTL 值为 126,如图 19-4 所示。

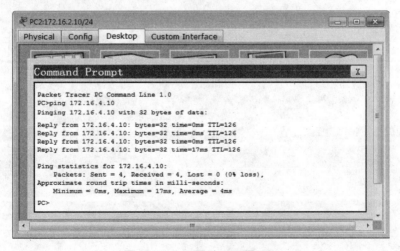

图 19-4 PC2 可以 ping 通 PC3

【任务总结】

（1）标准访问控制列表编号的范围是 1～99、1 300～1 999,选择哪个编号并不重要,编号仅用于标识,没有优先级区分,配置标准 ACL 匹配网段需用反网络掩码。

（2）标准 ACL 只能基于源 IP 地址过滤,不能基于目的 IP 地址过滤,更不能基于端口号过滤。

（3）控制列表要应用在尽量靠近目的地址接口上,以方便管理员统一管理。

（4）访问控制列表执行最严格的限制,会自动在 ACL 表中最后增加一条匹配规则 deny any。如果 ACL 没有发现任何匹配项,根据最后一条规则丢弃数据包。如果其他网段不受限制,必须编写匹配规则 permit any。

扩展 IP 访问控制列表

【工作目的】

掌握在路由器上扩展 IP 访问列表编写规则及配置。

【工作任务】

利用扩展 IP 访问控制列表对网络流量进行安全控制,不允许 VLAN 30 网段主机访问 VLAN 10 网段的 Web 服务,其他不受限制。

【工作背景】

某学校的校园网三层交换机汇聚层分别连接 VLAN 10 服务器网段、VLAN 20 教师办公网段和 VLAN 30 学生网段。该学校规定学生网段只能访问服务器群的 FTP 服务,不能访问 Web 服务,对教师办公网段不受此限制。

【任务分析】

标准访问控制列表只能基于 IP 协议的源 IP 地址进行过滤,而扩展访问列表可以根据数据包源 IP 地址、目的 IP 地址、目的端口号、协议类型(如 IP、TCP、UDP、ICMP、OSPF 等)对数据包过滤。

扩展 ACL 能实现比标准 ACL 更复杂的功能,但会影响路由器的性能。因此,在日常应用中,在满足需求的情况下尽可能用标准 ACL 实现,若涉及具体服务类型,必须用到扩展 ACL。

扩展访问列表编号的范围是 100~199、2 000~2 699。

【设备器材】

- S3560 交换机 1 台。
- Server 服务器 1 台。
- PC 2 台。

【环境拓扑】

本工作任务拓扑图如图 20-1 所示。

【工作步骤】

步骤 1:三层交换机基本配置

```
Switch(config)#vlan 10
```

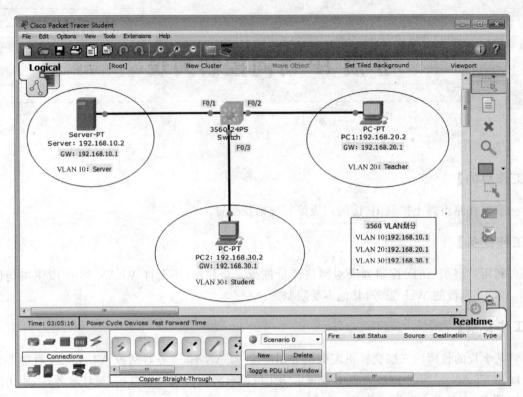

图 20-1 工作任务拓扑图

```
Switch(config-vlan)#name Server
Switch(config-vlan)#vlan 20
Switch(config-vlan)#name Teacher
Switch(config-vlan)#vlan 30
Switch(config-vlan)#name Student
Switch(config-vlan)#exit
Switch(config)#interface fastEthernet 0/1
Switch(config-if)#switchport mode access
Switch(config-if)#switchport access vlan 10
Switch(config-if)#exit
Switch(config)#interface fastEthernet 0/2
Switch(config-if)#switchport mode access
Switch(config-if)#switchport access vlan 20
Switch(config-if)#exit
Switch(config)#interface fastEthernet 0/3
Switch(config-if)#switchport mode access
Switch(config-if)#switchport access vlan 30
Switch(config-if)#exit
Switch(config)#interface vlan 10
Switch(config-if)#ip address 192.168.10.1 255.255.255.0
Switch(config-if)#no shutdown
Switch(config-if)#exit
Switch(config)#interface vlan 20
Switch(config-if)#ip address 192.168.20.1 255.255.255.0
Switch(config-if)#no shutdown
Switch(config-if)#exit
```

```
Switch(config)# interface vlan 30
Switch(config-if)# ip address 192.168.30.1 255.255.255.0
Switch(config-if)# no shutdown
Switch(config-if)# exit
Switch(config)# ip routing
Switch(config)#
```

步骤 2：在三层交换机配置扩展 IP 访问控制列表

此步骤有以下两种方法，可选择其中任意一种方法。

方法一：基于编号的访问控制列表创建方式。

```
Switch(config)# access-list 110 deny tcp 192.168.30.0 0.0.0.255 192.168.10.0 0.0.0.255 eq ?
                //扩展访问列表编号的范围是 100~199、2 000~2 699，
                //编号没有优先级区别。deny 后面接具体协议类型，如
                //IP、TCP、UDP 等。第一条下画线表示源 IP 段，第二条
                //下画线表示目的 IP 段，eq 即 equal(等于)，通过"?"
                //参数查询，得知后面可以接具体端口号，也可以接服
                //务名称
```

```
    < 0 - 65535 >        Port number
    ftp                  File Transfer Protocol (21)
    pop3                 Post Office Protocol v3 (110)
    smtp                 Simple Mail Transport Protocol (25)
    telnet               Telnet (23)
    www                  World Wide Web (HTTP, 80)
```

```
Switch(config)# access-list 110 deny tcp 192.168.30.0 0.0.0.255 192.168.10.0 0.0.0.255 eq www
                //拒绝 192.168.30.0 网段访问 192.168.10.0 网段的
                //Web 服务
Switch(config)# access-list 110 permit ip any any
                //其他网段不受限制。第一个 any 表示源网段，第二
                //个 any 表示目的网段，也可以写成 access-list 110
                //permit ip 0.0.0.0 0.0.0.0，其他网段不受限制，即
                //所有服务都能访问，不要通过 TCP 协议放行，否则要
                //把所有端口号都写上，不现实，也没必要。只要将 IP
                //包放行即可，不必理会其端口号是多少
Switch(config)# interface vlan 30
Switch(config-if)# ip access-group 110 in  //将 ACL 应用于 VLAN 30 虚拟接口，而不是应用在 F0/3
                //接口。因为 PC2 网关是与三层交换机 VLAN 30 虚拟
                //接口连接，IP 地址在 VLAN 30 中配置，只是 F0/3 接
                //口隶属于 VLAN 30 而已。将 ACL 应用于 VLAN 30，离源地
                //址最近，减少网络不必要的流量
Switch(config-if)# exit
Switch(config)#
```

方法二：基于名称的访问控制列表创建方式。

```
Switch(config)# ip access-list extended deny_stu
                //创建扩展 ACL，自定义访问控制列表名为 deny_stu
Switch(config-ext-nacl)#10 deny tcp 192.168.30.0 0.0.0.255 192.168.10.0 0.0.0.255 eq 80
                //eq 后面也可以接具体目的端口号
Switch(config-ext-nacl)#20 permit ip any any
```

```
Switch(config-ext-nacl)#exit
Switch(config)#interface vlan 30
Switch(config-if)#ip access-group deny_stu in
Switch(config-if)#exit
Switch(config)#
```

注意：图20-2是三层交换机各个 VLAN 虚拟接口的数据包入栈(in)与出栈(out)流向图。

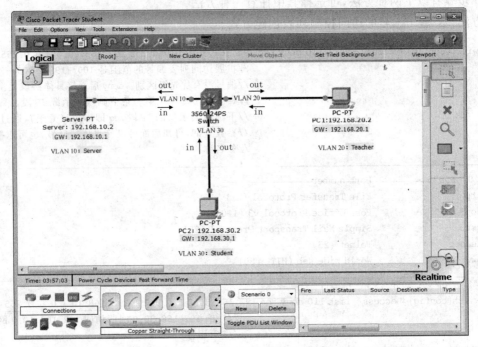

图 20-2　入栈(in)与出栈(out)流向图

在本例中：

(1) 在 VLAN 10 的出栈(out)方向加载 ACL，离目的地址最近，方便管理，也能达到题目需求。

(2) 在 VLAN 10 的入栈(in)方向加载 ACL 不能达到限制 192.168.30.0 网段访问 192.168.10.0 网段 Web 服务的目的。因为在数据包返回时过滤，此时限制的源网段应是 192.168.10.0 网段，目的网段应是 192.168.30.0 网段。另外，这样限制对象转变成服务器也不合理。

(3) 在 VLAN 20 的入栈(in)或出栈(out)方向加载 ACL，无法满足题目限制 VLAN 30 的需求。

(4) 在 VLAN 30 的出栈(out)方向加载 ACL，不能达到限制 192.168.30.0 网段访问 192.168.10.0 网段 Web 服务的目的，原因同(2)。

步骤 3：在层交换机查看访问控制列表

```
RouterB#show access-lists            //方法一的配置结果
```

```
Extended IP access list 110
    10 deny tcp 192.168.30.0 0.0.0.255 192.168.10.0 0.0.0.255 eq www
    20 permit ip any any
```

【任务测试】

Server、PC1 和 PC2 的 IP 地址配置如表 20-1 所示。

表 20-1 Server、PC1 和 PC2 的 IP 地址配置情况

配　置　项	Server	PC1	PC2
IP 地址	192.168.10.2	192.168.20.2	192.168.30.2
子网掩码	255.255.255.0	255.255.255.0	255.255.255.0
网关	192.168.10.1	192.168.20.1	192.168.30.1

（1）由于 VLAN 30 虚拟接口只是限制 TCP 协议，不涉及 ICMP 协议，因此 Server、PC1 和 PC2 之间可以相互连通，不受 ACL 影响。其中，PC2 与 Server、PC1 连通情况如图 20-3 所示。

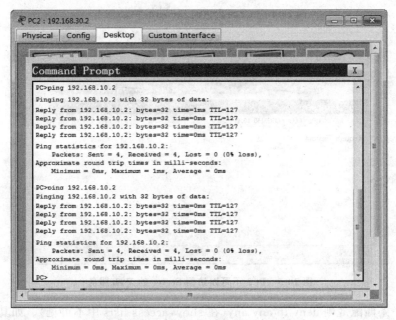

图 20-3 PC2 与 Server、PC1 可以相互连通

（2）在 PC1（Teacher 网段）浏览器中输入 http://192.168.10.2，可以访问 Server 的 Web 服务，如图 20-4 所示。

（3）在 PC2（Student 网段）浏览器中输入 http://192.168.10.2，不可以访问 Server 的 Web 服务，如图 20-5 所示。读者应注意，不能访问 Web 服务并不代表不能 ping 通。

【任务总结】

（1）扩展访问列表编号的范围是 100～199、2 000～2 699，选择哪个编号并不重要。编号仅用于标识，没有优先级的区别。配置扩展 ACL 匹配网段需用反网络掩码。

（2）配置扩展 ACL 中，仅支持基于目的端口号过滤，不支持基于源端口号过滤，因为源端口号用于标识不同应用进程，由操作系统随机分配，不能提前预知。

（3）标准 ACL 会自动在表中最后增加一条匹配规则 deny any，而扩展 ACL 会自动在表

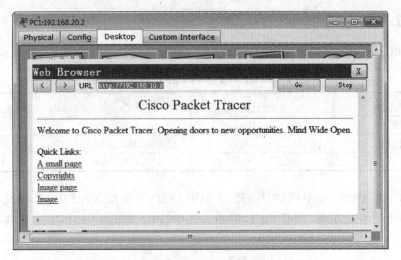

图 20-4　PC1 可以访问 Server 的 Web 服务

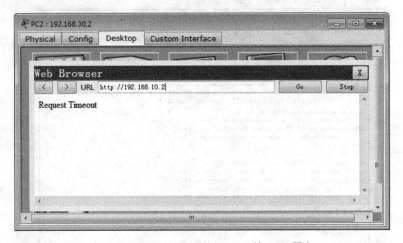

图 20-5　PC2 不可以访问 Server 的 Web 服务

中最后增加一条匹配规则 deny ip any any(在 show access-lists 中不可见)。如其他网段不受限制,必须编写匹配规则 permit ip any any。

（4）删除扩展 ACL 表或删除表中某一匹配条目,方式和标准 ACL 一样,读者可以参阅工作任务十九。

（5）注意区分 deny any 与 deny ip any any。deny any 是标准 ACL 拒绝所有源网段通信,deny 后面不需要指定 TCP 或 IP,因为只能基于 IP 过滤；deny ip any any 是扩展 ACL 中拒绝所有网段之间的通信。

VTY 线程访问控制列表

【工作目的】

掌握在路由器上使用 ACL 进行 VTY 访问控制,增强路由器远程 Telnet 的安全性。

【工作任务】

利用访问列表进行 VTY 访问限制,只允许 172.16.1.10 主机可以远程登录至路由器 RouterA,拒绝其他主机远程访问。

【工作背景】

某公司在全国各地有很多分公司,需要在路由器 RouterA 上配置 VTY 虚拟端口进行远程登录。考虑到网络的安全性,该公司需要在 RouterA 指定只允许某些 IP 地址可以远程用 Telnet 登录,并限制其他主机登录。

【任务分析】

VTY(Virtual Teletype Terminal,虚拟终端)是一种用于网络设备远程登录和管理的连接方式。VTY 线程可以同时支持不同协议,如在 line vty 0 上配置 Telnet(数据明文传输,包括登录账号和密码,登录安全性较低),在 line vty 1 上配置 SSH(数据基于 SSL 加密传输,登录安全性较高),这样当 SSH 用户登录时,系统会让 line vty 0 空闲,而使用 line vty 1 进行连接。VTY 线程启用只能按顺序进行,启用 VTY 线程有如下两种方法。

(1) Router(config)♯line vty 9:开启 vty 9 线程,系统也会自动启用前面的 vty0～vty8 线程。

(2) Router(config)♯line vty 0 9:0 是线程最小值,9 是线程最大值,此时共启用 vty 0～ vty 9 10 个线程。

VTY 不能关闭指定线程,如果想关闭某些线程,比如 Router(config)♯no line vty 5,则会关闭 vty 5 及其之后所有线程。

启用 VTY 线程后,为减少网络攻击和密码探测(如猜解登录密码和对账号暴力破解),可以使用访问控制列表限制登录 IP,以便只有管理员主机才可以远程登录。

【设备器材】

- 1841 路由器 2 台(添加 WIC-1T 串口模块)。
- PC 2 台。

【环境拓扑】

本工作任务拓扑图如图 21-1 所示。

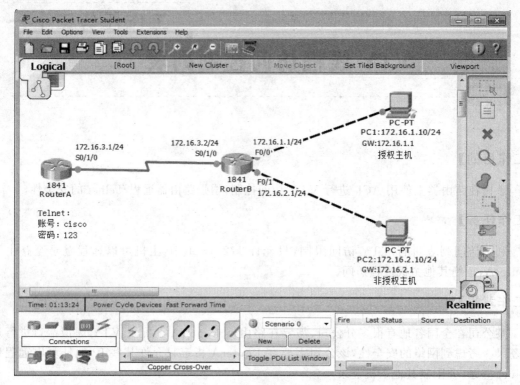

图 21-1　工作任务拓扑图

【工作步骤】

步骤 1：RouterA 与 RouterB 接口 IP 地址的配置

读者自行根据网络拓扑进行配置，注意路由器接口 IP 地址已划分子网。

步骤 2：在 RouterA 上配置静态路由

```
RouterA(config)#ip route 0.0.0.0  0.0.0.0  serial 0/1/0
```

注意：RouterB 两边是直连网段，没有必要配置静态路由。

步骤 3：在 RouterA 配置远程登录

```
RouterA(config)#enable password cisco          //进入特权模式密码
RouterA(config)#line vty 0 4
RouterA(config-line)#password 123               //Telnet 密码
RouterA(config-line)#login
```

步骤 4：在 RouterA 上配置 ACL

```
RouterA(config)#access-list 10 permit host 172.16.1.10   //host 表示一台主机，相当于 permit 172.
                                                         //16.1.10 0.0.0.0
RouterA(config)#access-list 10 deny any          //any 表示一个网段，可以不写，由系统自动追加
RouterA(config)#line vty 0 4
RouterA(config-line)#access-class 10 in          //将访问控制列表应用于 VTY 线程入栈(in)方向
```

注意：access-class 与 ip access-group 有以下区别。

（1）access-class 是控制路由器发起远程登录会话，如用 Telnet 登录，不进行包过滤。

（2）access-group 是控制接口上进出的数据包流量。

（3）ip access-group 用在接口下，包括物理接口和虚拟接口（如 VLAN 虚拟接口）；access-class 用于 VTY 虚拟端口（线程）上，access-class 命令前面没有 ip。

步骤 5：在 RouterA 上查看访问控制列表

RouterA＃show access－lists 10

```
Standard IP access list 10
    10 permit host 172.16.1.10
    20 deny any
```

【任务测试】

PC1、PC2 的 IP 地址配置如表 21-1 所示。

表 21-1 PC1、PC2 的 IP 地址配置情况

配 置 项	PC1	PC2
IP 地址	172.16.1.10	172.16.2.10
子网掩码	255.255.255.0	255.255.255.0
网关	172.16.1.1	172.16.2.1

（1）PC1 和 PC2 都能 ping 通 RouterA（IP 地址为 172.16.3.1），其中 PC1 连通性测试如图 21-2 所示，TTL 值为 254（UNIX 系统 TTL 默认值为 255）。

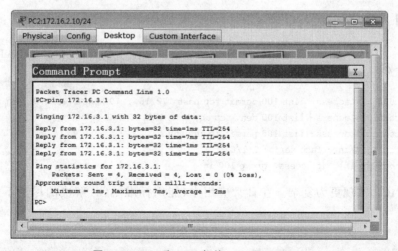

图 21-2 PC1 和 PC2 都能 ping 通 RouterA

（2）在 PC1 用 Telnet 连接路由器（IP 地址为 172.16.3.1），输入 Telnet 的密码 123，特权模式密码为 cisco，成功登录到 RouterA，如图 21-3 所示。

（3）在 PC2 用 Telnet 连接路由器（IP 地址为 172.16.3.1），系统提示连接被拒绝，无法登录到 RouterA，如图 21-4 所示。

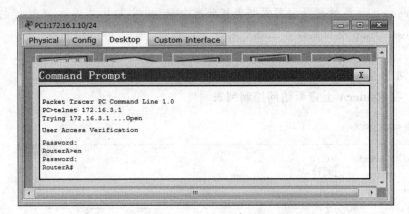

图 21-3　PC1 成功用 Telnet 登录到 RouterA

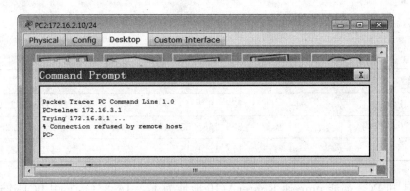

图 21-4　PC2 无法用 Telnet 登录到 RouterA

【任务总结】

（1）在 VTY 线程端口中应用 ACL，命令是 access-class，不是 ip access-group。

（2）本工作任务也可以用基于扩展的 ACL 实现，具体操作如下：

```
RouterA(config)#access-list 100 permit tcp host 172.16.1.10 host 172.16.3.1 eq telnet
RouterA(config)#access-list 100 deny tcp any host 172.16.3.1 eq telnet
RouterA(config)#access-list 100 permit ip any any
RouterA(config)#interface serial 0/1/0
RouterA(config-if)#ip access-group 100 in
```

用扩展 ACL 实现更为复杂。在日常应用中，能用标准 ACL 解决的尽量不用扩展 ACL 解决。

配置静态 NAT

【工作目的】

理解静态 NAT 实现原理；掌握如何向外网发布内网服务器。

【工作任务】

在路由器中配置静态 NAT，利用公网 IP 地址 200.1.8.7 发布内网 Web 服务器和 FTP 服务器。

【工作背景】

某公司向 ISP 申请了一个公网 IP 地址 200.1.8.7，要求互联网客户可以访问公司财务部 Web 服务器和技术部 FTP 服务器。

【任务分析】

静态 NAT 是管理员事先在路由器配置好的 NAT 转换方式，这种映射关系除非管理员手动更改，否则不会改变，也不会定期刷新和失效。静态 NAT 地址转换方式分为以下两种。

（1）基于 IP 的一对一静态转换。静态 NAT 按照一对一方式将内部专用静态 IP 转换为外部公共 IP，映射关系为"私用 IP"→"公用 IP"，如果需要发布 n 个服务器则需要 n 个公共 IP。这种转换方式不能节约公网 IP，公网主机可以利用转换关系扫描内网服务器，静态 NAT 起不到安全隔离与保护作用，安全性较差。优点是客户访问方便，不存在端口争用的问题。

（2）基于 TCP 的静态转换。多个内网服务器可以共享 1 个公网 IP 对外发布，可以节约大量公网 IP，映射关系为"私用 IP＋固定端口号"→"公用 IP＋固定端口号"。例如，本工作任务中公用 IP 地址 200.1.8.7 收到 80 端口数据包，则传给私用 IP 地址 172.16.1.10；收到 21 和 20 端口数据包，则传给私用 IP 地址 192.168.1.10，从而通过一个公网 IP 对外发布两个服务器。这种转换方式下静态 NAT 能起到安全隔离与保护作用，外网不能扫描内网服务器，安全性较高，但存在端口争用的问题，造成客户访问不便（假如需要发布内网两个 Web 服务器，一个 Web 服务器占用公网 IP 的 80 端口，另一个 Web 服务器只能用其他端口，如公网 IP 地址的 8080 端口）。

【设备器材】

- 1841 路由器 2 台（添加 WIC-1T 串口模块）。
- Server 服务器 2 台。
- PC 1 台。

【环境拓扑】

本工作任务拓扑图如图 22-1 所示。

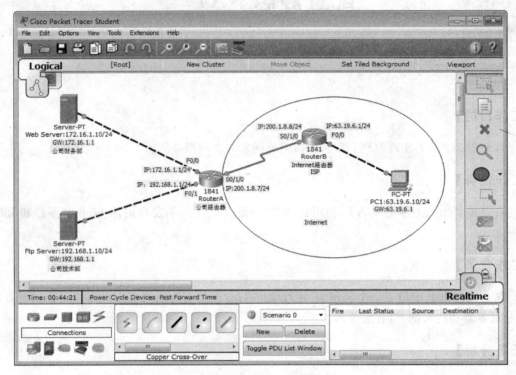

图 22-1　工作任务拓扑图

【工作步骤】

步骤 1：RouterA 与 RouterB 接口 IP 地址的配置

读者自行根据网络拓扑进行配置,注意路由器接口 IP 地址已划分子网。

步骤 2：配置 RouterA 默认路由

RouterA(config)♯ip route 0.0.0.0 0.0.0.0 serial 0/1/0

步骤 3：在 RouterA 上配置 NAPT

```
RouterA(config)♯interface fastEthernet 0/0
RouterA(config-if)♯ip nat inside    //宣称该接口为 NAT 内网接口
RouterA(config)♯interface fastEthernet 0/1
RouterA(config-if)♯ip nat inside    //宣称该接口为 NAT 内网接口
RouterA(config-if)♯exit
RouterA(config)♯interface serial 0/1/0
RouterA(config-if)♯ip nat outside   //宣称该接口为 NAT 外网接口
RouterA(config-if)♯exit
RouterA(config)♯ip nat inside source static tcp 172.16.1.10 80 200.1.8.7 80
                          //指定静态 TCP 转变方式
RouterA(config)♯ip nat inside source static tcp 192.168.1.10 20 200.1.8.7 20
RouterA(config)♯ip nat inside source static tcp 192.168.1.10 21 200.1.8.7 21
                  //注意 FTP 服务有两个端口号,21 用于连接,20 用于数据传输
```

【任务测试】

(1) 在 PC1 浏览器中输入 http://200.1.8.7,可以访问 Web Server 的 Web 服务,如图 22-2 所示。

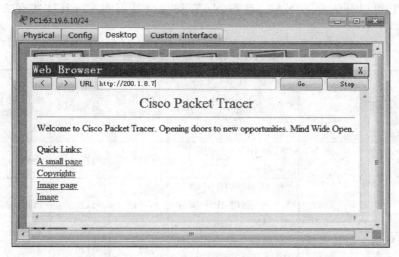

图 22-2 PC1 能访问 Web Server 的 Web 服务

(2) 在 PC1 cmd 命令下输入 ftp 200.1.8.7,输入默认账号 cisco 和密码 cisco,可以登录 FTP 服务器,如图 22-3 所示。

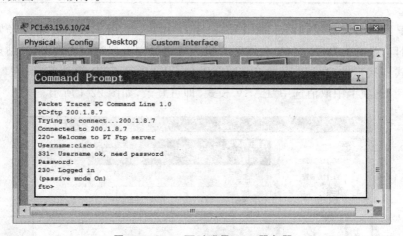

图 22-3 PC1 可以登录 FTP 服务器

(3) 在 RouterA 查看静态 NAT 转换的映射关系。

RouterA#show ip nat translations

Pro	Inside global	Inside local	Outside local	Outside global
tcp	200.1.8.7:20	192.168.1.10:20	--- ---	
tcp	200.1.8.7:21	192.168.1.10:21	--- ---	
tcp	200.1.8.7:21	192.168.1.10:21	63.19.6.10:1026	63.19.6.10:1026
tcp	200.1.8.7:80	172.16.1.10:80	--- ---	
tcp	200.1.8.7:80	172.16.1.10:80	63.19.6.10:1025	63.19.6.10:1025

从 NAT 映射关系可以看出,当 PC1 访问 Web 服务时,即为 200.1.8.7：80→172.16.1.10：80；PC1 登录 FTP 服务器时,则为 200.1.8.7：21→192.168.1.10：21。

【任务总结】

(1) NAT 可以分为静态 NAT、动态 NAT 和端口复用 NAT,具体实现方式与区别如表 22-1 所示。

表 22-1   NAT 实现方式与区别

分类方式	用　途	转 换 方 式	内网能否访问外网	外网能否主动访问内网	能否避免外网扫描	能否节约公网 IP
静态 NAT	对外发布内网服务器	"私用 IP"→"公用 IP"(一对一)	可以	可以	不能	不能
		"私用 IP＋固定端口号"→"公用 IP＋固定端口号"	不可以	可以	可以	节约大量 IP 地址
动态 NAT	局域网主机拨号接入 Internet	"私用 IP"→"公用随机 IP"(一对一)	可以	可以	不能	节约少量 IP 地址
端口复用 NAT	局域网主机共享少量公共 IP 地址接入 Internet	"私用 IP＋随机端口号"→"公网 IP＋随机端口号"	可以	不可以	可以	节约大量 IP 地址

(2) FTP 服务器需要用到两个端口号,21 用于连接,20 用于数据传输。假如静态 NAT 仅发布 21 端口,没有发布 20 端口,公网客户机无法通过浏览器访问内网 FTP 站点(浏览器仅支持端口模式连接),此时可以通过 FlashFTP、CuteFTP 等 FTP 软件登录,在"设置"→"连接"→"防火墙"选项卡中取消选中"PASV 模式"即可登录,如图 22-4 所示。

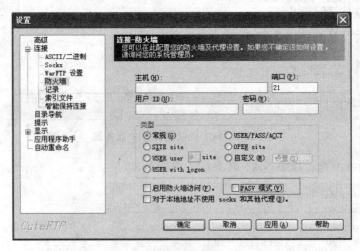

图 22-4   取消选中"PASV 模式"

配置端口复用 NAT

【工作目的】

理解端口复用 NAT 的实现原理；掌握在路由器中配置 NAPT。

【工作任务】

在路由器中配置 NAPT，让内部所有主机共享公网 IP 地址连接至 Internet。

【工作背景】

某公司向 ISP 申请了一个公网 IP 地址 200.1.8.7，需在路由器 RouterA 上配置 NAPT 服务，让内网财务部和技术部员工主机都能访问 Internet 中的 Server 服务器(IP 地址为 63.19.6.10)。

【任务分析】

为解决全球 IP 地址的不足，在 A、B、C 三类地址段中划出部分区域作为专用地址，也称为私用地址(Private Address)。专用地址是任何内部机构和私有网络都可以使用的 IP 地址，可以重复分配，用于标识一个局域网内部不同主机。专用地址不能标识因特网中计算机，也不能用于 Internet 通信，接入外网时必须转换为公共 IP 地址(Public Address)。三类专用地址段如下。

- A 类专用地址：10.0.0.0～10.255.255.255。
- B 类专用地址：172.16.0.0～172.31.255.255。
- C 类专用地址：192.168.0.0～192.168.255.255。

NAT(Network Address Translation，网络地址转换)用于将内部网络私有 IP 地址转换为 Internet 外部网络地址，局域网所有主机通过共享公共 IP 方式接入外网。使用 NAT 可以节约有限的公共 IP，降低 Internet 的接入成本，还可以隐藏内部网络拓扑，避免内网主机遭受来自外网的探测和攻击。根据转换方式 NAT 可以分为静态 NAT、动态 NAT 和端口复用 NAT。下面介绍后两种。

(1) 动态 NAT。动态 NAT 是指将一个内部专用 IP 转换为一个临时公共 IP，每次转换 IP 地址是不确定的。用于局域网内部主机通过拨号获取公共 IP 接入 Internet，当断开连接时公共 IP 会重新释放回收，映射关系为"私用 IP"→"公用随机 IP"。动态 NAT 同时使用多个外部公共 IP，当 ISP 提供的公共 IP 少于局域网主机数量时可以采用动态转换节约公网 IP。如一个小区有 200 户，不可能 200 户主机同时上网，此时申请 120 个公网 IP 采取动态 NAT 即可满足大部分用户的需求。

(2) 端口复用 NAT。端口复用 NAT 又称为 NAPT，是指通过不同端口号将内部网络 IP 转换为外部公共 IP，可以有效地解决 IP 地址不足的问题。映射关系为"私用 IP＋随机端口号"→"公网 IP＋随机端口号",这种转换是动态随机生成的,连接一旦断开转换关系也随之消失,因此,内网主机通过 NAPT 转换可以访问外网,而外网用户由于缺少转换关系不能主动访问内网主机,此时 NAPT 服务器充当中介作用,通过限制内、外网主机的直接连接从而避免来自外网的攻击和入侵。

【设备器材】

- 1841 路由器 2 台(添加 WIC-1T 串口模块)。
- Server 服务器 1 台。
- PC 2 台。

【环境拓扑】

本工作任务拓扑图如图 23-1 所示。

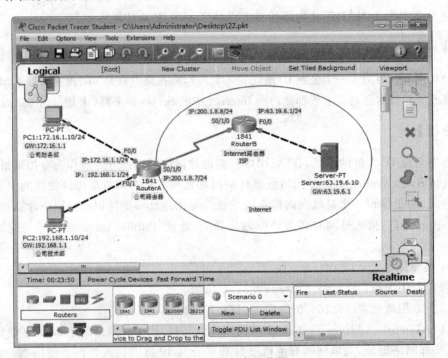

图 23-1　工作任务拓扑图

【工作步骤】

步骤 1：RouterA 与 RouterB 接口 IP 地址的配置

读者自行根据网络拓扑进行配置,注意路由器接口 IP 地址已划分子网。

步骤 2：配置 RouterA 默认路由

```
RouterA(config)# ip route 0.0.0.0 0.0.0.0 serial 0/1/0
```

注意：

(1) 某公司路由器 RouterA 只清楚内网路由,不清楚 Internet 路由,也不需要知道 Internet 路由。由于某公司已向 ISP 付费,ISP 有义务向 RouterA 提供 Internet 寻址服务。此时 RouterA 连接公网只需指向下一跳 ISP 的 IP 地址,或者指定从 Serial 0/1/0 接口转发出去即可,RouterA 作为出口网关。

（2）RouterB 不能配置默认路由"ip route 0.0.0.0 0.0.0.0 200.1.8.7",否则会导致全网互通,外网可以直接访问内网,从而产生安全问题。

步骤3：在 RouterA 上配置 NAPT

```
RouterA(config)＃interface fastEthernet 0/0
RouterA(config-if)＃ip nat inside        //宣称该接口为 NAT 内网接口
RouterA(config)＃interface fastEthernet 0/1
RouterA(config-if)＃ip nat inside        //宣称该接口为 NAT 内网接口
RouterA(config-if)＃exit
RouterA(config)＃interface serial 0/1/0
RouterA(config-if)＃ip nat outside       //宣称该接口为 NAT 外网接口
RouterA(config-if)＃exit
RouterA(config)＃ip nat pool to_internet 200.1.8.7 200.1.8.7 netmask 255.255.255.0
                            //创建 NAT 地址池,自定义名称为 to_internet。地址池最
                            //小 IP 为 200.1.8.7,最大 IP 为 200.1.8.7(即地址池只有
                            //一个 IP),子网掩码是 255.255.255.0
RouterA(config)＃access-list 10 permit 172.16.1.0 0.0.0.255
RouterA(config)＃access-list 10 permit 192.168.1.0 0.0.0.255
                            //创建标准 ACL 定义兴趣流,即哪些内网 IP 要转换为公网
                            //IP 200.1.8.7
RouterA(config)＃ip nat inside source list 10 pool to_internet overload
```

注意:

（1）配置 NAPT 格式为 ip nat(IP 地址要经过 NAT 转换)＋哪个接口收到的 IP 包需要转换＋NAT 兴趣流(接口收到的包哪些需要转换为公网 IP)＋需要转换的目的 IP(可以用地址池或接口名称)＋overload(对目的 IP 采取端口负载,或称复用)。

简记为：ip nat＋源 IP＋ACL＋目的 IP＋overload。

即有 overload 参数采用 NAPT,无 overload 参数采用动态 NAT。

（2）overload 是可选项,如果不加 overload,则转换不采取端口负载。NAT 直接将内、外网 IP 172.16.1.10 转换为地址中第一个 IP 200.1.8.7;由于地址池只有一个公网 IP,此时内、外网其他主机将没有多余 IP 可供转换,因此无法连接到 Internet,除非 PC1 断开连接,公网 IP 200.1.8.7 回收后才能给其他主机转换,即转换规则为动态 NAT。如果加上 overload 进行端口负载,则"内网 IP＋源程序端口号"转换为"200.1.8.7＋随机端口号",即 NAPT。

【任务测试】

PC1、PC2 和 Server 的 IP 地址的配置如表 23-1 所示。

表 23-1　PC1、PC2 和 Server 的 IP 地址的配置

配置项	PC1	PC2	Server
IP 地址	172.16.1.10	192.168.1.10	63.19.6.10
子网掩码	255.255.255.0	255.255.255.0	255.255.255.0
网关	172.16.1.1	192.168.1.1	63.19.6.1

（1）PC1 和 PC2 都可以 ping 通 Server 63.19.6.10,以 PC2 为例,ping 的 TTL 值为 126,如图 23-2 所示。

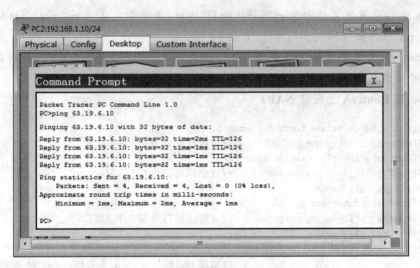

图 23-2 PC2 都可以 ping 通 Server

（2）Server 63.19.6.10 不能 ping 通 PC1 和 PC2（由于缺少 NAPT 转换关系，外网不能直接访问内网主机）。以 PC2 为例，63.19.6.1 回复说目的主机不可抵达，如图 23-3 所示。

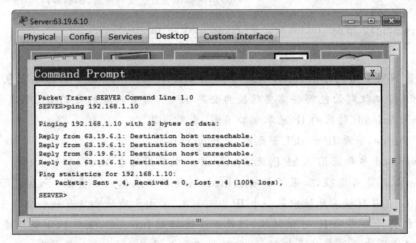

图 23-3 Server 不能 ping 通 PC2

注意：ping 不通时提示的 timet out（超时）和 Destination host unreachable（目的主机无法抵达）是有区别的。

- timet out：路由没有问题，但是目的主机关机或者启用防火墙导致目的主机不回复。
- Destination host unreachable：路由表缺少到达目的网段路由信息。

（3）在 RouterA 查看 NAPT 转换统计量。

RouterA＃show ip nat statistics

Total translations: **8** (0 static, 8 dynamic, 8 extended)

　　　　　　　　　　　　　　　　　//PC1 和 PC2 各 ping 4 次 NAPT，共转换了 8 个包

Outside Interfaces: Serial0/1/0

Inside Interfaces: FastEthernet0/0 , FastEthernet0/1

```
     Hits: 16 Misses: 17
     Expired translations: 8
     Dynamic mappings:
      -- Inside Source
     access-list 10 pool to_internet refCount 8
     pool to_internet: netmask 255.255.255.0
     start 200.1.8.7 end 200.1.8.7
     type generic, total addresses 1 , allocated 1 (100%), misses 0
```

（4）在 RouterA 上查看 NAPT 的映射关系。

RouterA# show ip nat translations

```
     Pro Inside global        Inside local       Outside local      Outside global
     icmp 200.1.8.7:1024      192.168.1.10:1     63.19.6.10:1       63.19.6.10:1024
     icmp 200.1.8.7:1025      192.168.1.10:2     63.19.6.10:2       63.19.6.10:1025
     icmp 200.1.8.7:1026      192.168.1.10:3     63.19.6.10:3       63.19.6.10:1026
     icmp 200.1.8.7:1027      192.168.1.10:4     63.19.6.10:4       63.19.6.10:1027
     icmp 200.1.8.7:1        172.16.1.10:1      63.19.6.10:1       63.19.6.10:1
     icmp 200.1.8.7:2        172.16.1.10:2      63.19.6.10:2       63.19.6.10:2
     icmp 200.1.8.7:3        172.16.1.10:3      63.19.6.10:3       63.19.6.10:3
     icmp 200.1.8.7:4        172.16.1.10:4      63.19.6.10:4       63.19.6.10:4
```

以上结果是 NAPT 的 8 个 ICMP 包，转换端口为随机选择（随机是指虽然相同主机转换的端口号连续，但不可人为指定待转换的端口号）。为避免安全问题（外网利用 NAPT 映射关系访问内网主机），这些映射关系仅保留一段时间。如果看不到上述转换记录，可重新 ping一次。

【任务总结】

（1）不要把入栈（in）和出栈（out）应用接口弄错，否则公网 IP 会转换为私网 IP。

（2）在调试过程中，需要更换 NAPT 转换规则（如重新定义公网地址池），需等待一段时间。如果不想等待，可将 packet tracer 配置保存关闭，再重新打开即可。

（3）NAT 并不是要限制外网与内网主机之间的通信，而是限制外网不能主动访问内网主机，只有内网主机访问外网，且存在映射关系后，外网才能基于映射关系访问内网主机。

工作任务二十四
EIGRP 路由协议基本配置（选做任务）

【工作目的】

掌握 EIGRP 路由协议配置、调试和路由自动汇总。

【工作任务】

在路由器上配置 EIGRP 路由协议，使得 3 台运行 EIGRP 协议的路由器能相互学习路由信息，并实现全网互通。

【工作背景】

某学校分为南校区、北校区和东校区，3 个校区计算机所处网段都不一样。为方便教学，需配置 EIGRP 路由协议实现 3 个校区的互联。

【任务分析】

1. EIGRP 定义

EIGRP(Enhanced Interior Gateway Routing Protocol，增强内部网关路由线路协议)是思科开发出来的 IGP 内部网关协议，综合距离矢量和链路状态两者优点，支持 VLSM 可变长子网，支持路由自动汇总，其特征如下。

(1) 快速收敛。运行 EIGRP 的路由器存储邻居路由表，能够快速适应网络动态变化。

(2) 采用多播和单播触发更新。EIGRP 仅在路由路径或者开销值发生变化时才发送部分更新，而不是定期更新，多播地址是 224.0.0.10。

2. 管理距离

EIGRP 有 3 个管理距离，其中 EIGRP 内部管理距离为 90，EIGRP 外部管理距离为 170，EIGRP 汇总路由管理距离为 5。

3. 宣告方式

EIGRP 支持主类网络宣告和子网精确宣告两种方式。

【设备器材】

1841 路由器 3 台。

【环境拓扑】

本工作任务拓扑图如图 24-1 所示。

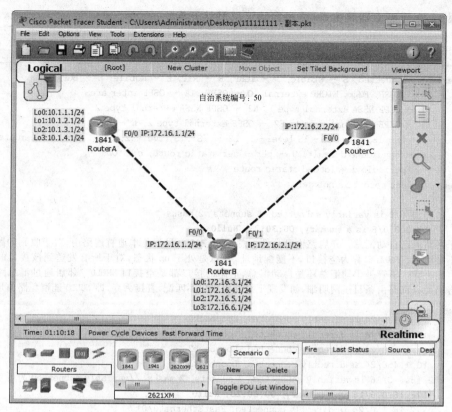

图 24-1 工作任务拓扑图

【工作步骤】

步骤 1：RouterA 与 RouterB 接口 IP 地址的配置

读者自行根据网络拓扑进行配置,注意路由器接口 IP 地址已划分子网。

步骤 2：配置 EIGRP 路由协议,自治系统编号为 50

```
RouterA(config)＃router eigrp 50                          //50 是自治系统编号,处于相同自治号系统的路由器
                                                          //才可以相互通告 EIGRP 路由
RouterA(config-router)＃network 172.16.1.0 0.0.0.255      //采用子网精确宣告方式
RouterA(config-router)＃network network 10.1.1.0 0.0.0.255
RouterA(config-router)＃network 10.1.2.0 0.0.0.255
RouterA(config-router)＃network 10.1.3.0 0.0.0.255
RouterA(config-router)＃network 10.1.4.0 0.0.0.255
RouterA(config-router)＃end
RouterA＃

RouterB(config)＃router eigrp 50                          //EIGRP 自治系统编号要保持一致,否则无法通告
RouterB(config-router)＃network 172.16.0.0                //采用主类宣告方式,两个直连网段都是 172.16.0.0
RouterB(config-router)＃end
RouterB＃

RouterC(config)＃router eigrp 50                          //EIGRP 自治系统编号要保持一致,否则无法通告
RouterC(config-router)＃network 0.0.0.0                   //宣告所有接口接入 EIGRP 进程,优点是方便,缺点是
                                                          //不能指定要宣告的接口
RouterC(config-router)＃end
RouterC＃
```

步骤 3：查看路由器路由表（路由自动汇总默认开启）

RouterA # show ip route

```
Codes: C - connected, S - static, I - IGRP, R - RIP, M - mobile, B - BGP
       D - EIGRP, EX - EIGRP external, O - OSPF, IA - OSPF inter area
       N1 - OSPF NSSA external type 1, N2 - OSPF NSSA external type 2
       E1 - OSPF external type 1, E2 - OSPF external type 2, E - EGP
       i - IS-IS, L1 - IS-IS level-1, L2 - IS-IS level-2, ia - IS-IS inter area
       * - candidate default, U - per-user static route, o - ODR
       P - periodic downloaded static route
Gateway of last resort is not set

     10.0.0.0/8 is variably subnetted, 5 subnets, 2 masks
D       10.0.0.0/8 is a summary, 00:30:23, Null0
```
//子网路由已自动汇总。开启路由自动汇总功能，EIGRP 只汇总本地直连路由，对于收到的路由条目
//不做汇总。NULL 口称为空接口，不能配地址，且总是处于 up 状态，对于所有发送到该接口的流量都
//直接丢弃。不管是手动汇总还是自动汇总，汇总的接口都是空接口 NULL0。邻居通过汇总路由的通
//告仍要查询路由条目子网明细，如发现汇总路由接口不匹配，直接丢弃，即 NULL0 能避免路由形成环路

```
C       10.1.1.0/24 is directly connected, Loopback0
C       10.1.2.0/24 is directly connected, Loopback1
C       10.1.3.0/24 is directly connected, Loopback2
C       10.1.4.0/24 is directly connected, Loopback3
     172.16.0.0/16 is variably subnetted, 7 subnets, 2 masks  //variably subnetted 为可变长子网
D       172.16.0.0/16 is a summary, 00:30:23, Null0
C       172.16.1.0/24 is directly connected, FastEthernet0/0
D       172.16.2.0/24 [90/30720] via 172.16.1.2, 00:29:29, FastEthernet0/0
D       172.16.3.0/24 [90/156160] via 172.16.1.2, 00:29:29, FastEthernet0/0
D       172.16.4.0/24 [90/156160] via 172.16.1.2, 00:29:29, FastEthernet0/0
D       172.16.5.0/24 [90/156160] via 172.16.1.2, 00:29:29, FastEthernet0/0
D       172.16.6.0/24 [90/156160] via 172.16.1.2, 00:29:29, FastEthernet0/0
D       192.168.0.0/24 [90/158720] via 172.16.1.2, 00:25:40, FastEthernet0/0
D       192.168.1.0/24 [90/158720] via 172.16.1.2, 00:25:40, FastEthernet0/0
D       192.168.2.0/24 [90/158720] via 172.16.1.2, 00:25:40, FastEthernet0/0
D       192.168.3.0/24 [90/158720] via 172.16.1.2, 00:25:40, FastEthernet0/0
```

RouterB # show ip route

```
Codes: C - connected, S - static, I - IGRP, R - RIP, M - mobile, B - BGP
       D - EIGRP, EX - EIGRP external, O - OSPF, IA - OSPF inter area
       N1 - OSPF NSSA external type 1, N2 - OSPF NSSA external type 2
       E1 - OSPF external type 1, E2 - OSPF external type 2, E - EGP
       i - IS-IS, L1 - IS-IS level-1, L2 - IS-IS level-2, ia - IS-IS inter area
       * - candidate default, U - per-user static route, o - ODR
       P - periodic downloaded static route
Gateway of last resort is not set

D       10.0.0.0/8 [90/156160] via 172.16.1.1, 00:33:21, FastEthernet0/0
```
                                                    //RouterA 已对条目汇总通告
```
     172.16.0.0/24 is subnetted, 6 subnets
C       172.16.1.0 is directly connected, FastEthernet0/0
C       172.16.2.0 is directly connected, FastEthernet0/1
```

```
C       172.16.3.0 is directly connected, Loopback0
C       172.16.4.0 is directly connected, Loopback1
C       172.16.5.0 is directly connected, Loopback2
C       172.16.6.0 is directly connected, Loopback3
D       192.168.0.0/24 [90/156160] via 172.16.2.2, 00:33:21, FastEthernet0/1
D       192.168.1.0/24 [90/156160] via 172.16.2.2, 00:33:21, FastEthernet0/1
D       192.168.2.0/24 [90/156160] via 172.16.2.2, 00:33:21, FastEthernet0/1
D       192.168.3.0/24 [90/156160] via 172.16.2.2, 00:33:21, FastEthernet0/1
```

RouterC# show ip route

```
Codes: C - connected, S - static, I - IGRP, R - RIP, M - mobile, B - BGP
       D - EIGRP, EX - EIGRP external, O - OSPF, IA - OSPF inter area
       N1 - OSPF NSSA external type 1, N2 - OSPF NSSA external type 2
       E1 - OSPF external type 1, E2 - OSPF external type 2, E - EGP
       i - IS-IS, L1 - IS-IS level-1, L2 - IS-IS level-2, ia - IS-IS inter area
       * - candidate default, U - per-user static route, o - ODR
       P - periodic downloaded static route
Gateway of last resort is not set
D       10.0.0.0/8 [90/158720] via 172.16.2.1, 00:46:14, FastEthernet0/0
                                                      //RouterA 已对条目汇总通告
        172.16.0.0/16 is variably subnetted, 7 subnets, 2 masks
D       172.16.0.0/16 is a summary, 06:10:54, Null0
D       172.16.1.0/24 [90/30720] via 172.16.2.1, 00:46:14, FastEthernet0/0
C       172.16.2.0/24 is directly connected, FastEthernet0/0
D       172.16.3.0/24 [90/156160] via 172.16.2.1, 00:46:14, FastEthernet0/0
D       172.16.4.0/24 [90/156160] via 172.16.2.1, 00:46:14, FastEthernet0/0
D       172.16.5.0/24 [90/156160] via 172.16.2.1, 00:46:14, FastEthernet0/0
D       172.16.6.0/24 [90/156160] via 172.16.2.1, 00:46:14, FastEthernet0/0
C       192.168.0.0/24 is directly connected, Loopback0
C       192.168.1.0/24 is directly connected, Loopback1
C       192.168.2.0/24 is directly connected, Loopback2
C       192.168.3.0/24 is directly connected, Loopback3
```

步骤 4：关闭路由自动汇总

```
RouterA(config)# router eigrp 50
RouterA(config-router)# no auto-summary
RouterB(config)# router eigrp 50
RouterB(config-router)# no auto-summary
RouterC(config)# router eigrp 50
RouterC(config-router)# no auto-summary
```

步骤 5：查看路由器路由表(路由自动汇总已关闭)

RouterA# show ip route

```
Codes: C - connected, S - static, I - IGRP, R - RIP, M - mobile, B - BGP
       D - EIGRP, EX - EIGRP external, O - OSPF, IA - OSPF inter area
       N1 - OSPF NSSA external type 1, N2 - OSPF NSSA external type 2
       E1 - OSPF external type 1, E2 - OSPF external type 2, E - EGP
```

```
                   i - IS-IS, L1 - IS-IS level-1, L2 - IS-IS level-2, ia - IS-IS inter area
                   * - candidate default, U - per-user static route, o - ODR
                   P - periodic downloaded static route
Gateway of last resort is not set

      10.0.0.0/24 is subnetted, 4 subnets
C        10.1.1.0 is directly connected, Loopback0
C        10.1.2.0 is directly connected, Loopback1
C        10.1.3.0 is directly connected, Loopback2
C        10.1.4.0 is directly connected, Loopback3
      172.16.0.0/24 is subnetted, 6 subnets
C        172.16.1.0 is directly connected, FastEthernet0/0
D        172.16.2.0 [90/30720] via 172.16.1.2, 00:03:05, FastEthernet0/0
D        172.16.3.0 [90/156160] via 172.16.1.2, 00:03:05, FastEthernet0/0
D        172.16.4.0 [90/156160] via 172.16.1.2, 00:03:05, FastEthernet0/0
D        172.16.5.0 [90/156160] via 172.16.1.2, 00:03:05, FastEthernet0/0
D        172.16.6.0 [90/156160] via 172.16.1.2, 00:03:05, FastEthernet0/0
D        192.168.0.0/24 [90/158720] via 172.16.1.2, 00:02:43, FastEthernet0/0
D        192.168.1.0/24 [90/158720] via 172.16.1.2, 00:02:43, FastEthernet0/0
D        192.168.2.0/24 [90/158720] via 172.16.1.2, 00:02:43, FastEthernet0/0
D        192.168.3.0/24 [90/158720] via 172.16.1.2, 00:02:43, FastEthernet0/0
```

RouterB#show ip route

```
Codes: C - connected, S - static, I - IGRP, R - RIP, M - mobile, B - BGP
       D - EIGRP, EX - EIGRP external, O - OSPF, IA - OSPF inter area
       N1 - OSPF NSSA external type 1, N2 - OSPF NSSA external type 2
       E1 - OSPF external type 1, E2 - OSPF external type 2, E - EGP
       i - IS-IS, L1 - IS-IS level-1, L2 - IS-IS level-2, ia - IS-IS inter area
       * - candidate default, U - per-user static route, o - ODR
       P - periodic downloaded static route
Gateway of last resort is not set

      10.0.0.0/24 is subnetted, 4 subnets
D        10.1.1.0 [90/156160] via 172.16.1.1, 00:06:11, FastEthernet0/0
D        10.1.2.0 [90/156160] via 172.16.1.1, 00:06:11, FastEthernet0/0
D        10.1.3.0 [90/156160] via 172.16.1.1, 00:06:11, FastEthernet0/0
D        10.1.4.0 [90/156160] via 172.16.1.1, 00:06:11, FastEthernet0/0
                                      //RouterA 已取消路由自动汇总,可以看到 4 条子网路由
      172.16.0.0/24 is subnetted, 6 subnets
C        172.16.1.0 is directly connected, FastEthernet0/0
C        172.16.2.0 is directly connected, FastEthernet0/1
C        172.16.3.0 is directly connected, Loopback0
C        172.16.4.0 is directly connected, Loopback1
C        172.16.5.0 is directly connected, Loopback2
C        172.16.6.0 is directly connected, Loopback3
D        192.168.0.0/24 [90/156160] via 172.16.2.2, 00:05:50, FastEthernet0/1
D        192.168.1.0/24 [90/156160] via 172.16.2.2, 00:05:50, FastEthernet0/1
D        192.168.2.0/24 [90/156160] via 172.16.2.2, 00:05:50, FastEthernet0/1
D        192.168.3.0/24 [90/156160] via 172.16.2.2, 00:05:50, FastEthernet0/1
```

RouterC#show ip route

```
Codes: C - connected, S - static, I - IGRP, R - RIP, M - mobile, B - BGP
       D - EIGRP, EX - EIGRP external, O - OSPF, IA - OSPF inter area
       N1 - OSPF NSSA external type 1, N2 - OSPF NSSA external type 2
       E1 - OSPF external type 1, E2 - OSPF external type 2, E - EGP
       i - IS-IS, L1 - IS-IS level-1, L2 - IS-IS level-2, ia - IS-IS inter area
       * - candidate default, U - per-user static route, o - ODR
       P - periodic downloaded static route
Gateway of last resort is not set


     10.0.0.0/24 is subnetted, 4 subnets
D       10.1.1.0 [90/158720] via 172.16.2.1, 00:09:47, FastEthernet0/0
D       10.1.2.0 [90/158720] via 172.16.2.1, 00:09:47, FastEthernet0/0
D       10.1.3.0 [90/158720] via 172.16.2.1, 00:09:47, FastEthernet0/0
D       10.1.4.0 [90/158720] via 172.16.2.1, 00:09:47, FastEthernet0/0
                                    //RouterA 已取消路由自动汇总,可以看到 4 条子网路由
     172.16.0.0/24 is subnetted, 6 subnets
D       172.16.1.0 [90/30720] via 172.16.2.1, 00:07:10, FastEthernet0/0
C       172.16.2.0 is directly connected, FastEthernet0/0
D       172.16.3.0 [90/156160] via 172.16.2.1, 00:09:47, FastEthernet0/0
D       172.16.4.0 [90/156160] via 172.16.2.1, 00:09:47, FastEthernet0/0
D       172.16.5.0 [90/156160] via 172.16.2.1, 00:09:47, FastEthernet0/0
D       172.16.6.0 [90/156160] via 172.16.2.1, 00:09:47, FastEthernet0/0
C       192.168.0.0/24 is directly connected, Loopback0
C       192.168.1.0/24 is directly connected, Loopback1
C       192.168.2.0/24 is directly connected, Loopback2
C       192.168.3.0/24 is directly connected, Loopback3
```

步骤 6:RouterA、RouterB 和 RouterC 上的所有 loopback 口能相互连通

以 RouterA 为例,分别 ping 192.168.0.1、192.168.1.1、192.168.2.1 和 192.168.3.1,能相互连通,如图 24-2 所示。

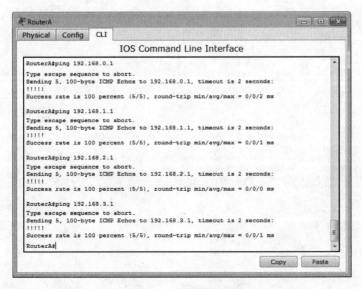

图 24-2 所有网段互通

【任务总结】

（1）配置 EIGRP 的自治系统编号必须一致，否则无法建立邻居关系。

（2）EIGRP 支持主类网络宣告和子网精确宣告两种方式。采用主类网络宣告时，子网信息由路由器计算得出；采用子网精确宣告时，子网信息由管理员使用 network 命令输入。主类网络宣告和子网精确宣告两种方式不会对其他路由器的路由表产生影响。

（3）EIGRP 只汇总本地直连路由，对于收到的路由条目不做汇总。

综合任务一

【工作任务】

图 A-1 为某学校网络拓扑模拟图,接入层设备采用 S2126 交换机,在接入交换机上划分了办公网 VLAN 20 和学生网 VLAN 30。为了保证网络的稳定性,接入层和汇聚层通过两条链路相连,汇聚层交换机采用 S3550 并通过 VLAN 1 中的 F0/10 接口与 RouterA 相连,RouterA 通过广域网口和 RouterB 相连。RouterB 以太网口连接一台 FTP 服务器。通过路由协议,实现全网互通。

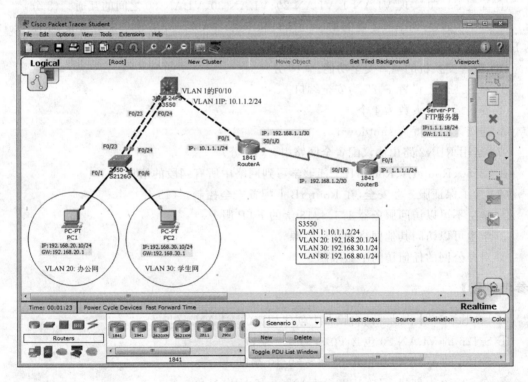

图 A-1 某学校网络拓扑模拟图

说明:图 A-1 中的 S2126 交换机用思科 2950-24 替代,S3550 交换机用思科 3560-24PS 替代,RouterA 和 RouterB 串口接口用 S0/1/0 替代。

【任务要求】

(1) 在 S3550 与 S2126 两台设备上创建相应的 VLAN。(15 分)

① S2126 的 VLAN 20 包含 F0/1～F0/5 端口。

② S2126 的 VLAN 30 包含 F0/6～F0/10 端口。

　③ 在 S3550 上创建 VLAN 20、VLAN 30 和 VLAN 80。

　④ 将 F0/18～F0/20 及 F0/22 加入 VLAN 80。

（2）S3550 与 S2126 两台设备利用 F0/23 与 F0/24 建立 Trunk 链路。（10 分）

　① S2126 的 F0/23 和 S3550 的 F0/23 建立 Trunk 链路。

　② S2126 的 F0/24 和 S3550 的 F0/24 建立 Trunk 链路。

（3）S3550 与 S2126 两台设备之间提供冗余链路。（10 分）

　① 在 VLAN 20 和 VLAN 30 配置快速生成树协议实现冗余链路。

　② 对于 VLAN 20，将 S3550 设置为根交换机；对于 VLAN 30，将 S2126 设置为根交换机。

（4）在 RouterA 和 RouterB 上配置接口的 IP 地址。（10 分）

　① 根据拓扑要求为每个接口配置 IP 地址。

　② 保证所有配置的接口状态为 up。

（5）配置三层交换机的路由功能。（12 分）

　① 配置 S3550 实现 VLAN 1、VLAN 20、VLAN 30、VLAN 80 之间的互通。（8 分）

　② S3550 通过 VLAN 1 中的 F0/10 接口和 RouterA 相连，在 S3550 上 ping 通 RouterA 的 F0/1 地址（4 分）

（6）配置交换机的端口安全功能。（10 分）

　① 在 S2126 上设置 F0/8 为安全端口。

　② 安全地址最大数为 4 个。

　③ 违例策略设置为 shutdown。

（7）运用 RIPv2 路由协议配置全网路由。（18 分）

在 S3550、RouterA、RouterB 上能够学习到网络中所有网段的信息。

（8）为了保证服务器安全，在 RouterB 上配置安全控制。（15 分）

　① 学生不可以访问服务器 1.1.1.18 上的 FTP 服务。

　② 学生可以访问其他网络的任何资源。

　③ 对办公网的任何访问不做限制。

【参考过程】

（1）在 S3550 与 S2126 两台设备上创建相应的 VLAN。（15 分）

　① S2126 的 VLAN 20 包含 F0/1～F0/5 端口。

　② S2126 的 VLAN 30 包含 F0/6～F0/10 端口。

　③ 在 S3550 上创建 VLAN 20、VLAN 30 和 VLAN 80。

　④ 将 F0/18～F0/20 及 F0/22 加入 VLAN 80。

```
S2126(config)#
s2126(config)#vlan 20
S2126(config-vlan)#exit
S2126(config)#interface range fastEthernet 0/1-5
s2126(config-if-range)#switchport access vlan 20
S2126(config-if-range)#exit
S2126(config)#vlan 30
```

```
S2126(config - vlan) # exit
S2126(config) # interface range fastEthernet 0/6 - 10
s2126(config - if - range) # switchport access vlan 30
S2126(config - if - range) # exit

S3550(config) #
S3550(config) # vlan 20
S3550(config - vlan) # vlan 30
S3550(config - vlan) # vlan 80
S3550(config - vlan) # exit
S3550(config) # interface range fastEthernet 0/18, fastEthernet 0/22
S3550(config - if - range) # switchport access vlan 80
S3550(config - if - range) # exit
S3550(config) #
```

（2）S3550 与 S2126 两台设备利用 F0/23 与 F0/24 建立 Trunk 链路。（10 分）

① S2126 的 F0/23 和 S3550 的 F0/23 建立 Trunk 链路。

② S2126 的 F0/24 和 S3550 的 F0/24 建立 Trunk 链路。

```
S2126(config) # interface range fastEthernet 0/23 - 24
S2126(config - if - range) # switchport mode trunk

S3550(config) # interface range fastEthernet 0/23 - 24
S3550(config - if - range) # switchport trunk encapsulation dot1q
S3550(config - if - range) # switchport mode trunk
```

（3）S3550 与 S2126 两台设备之间提供冗余链路。（10 分）

① 在 VLAN 20 和 VLAN 30 配置快速生成树协议，实现冗余链路。

② 对于 VLAN 20，将 S2126 设置为根交换机；对于 VLAN 30，将 S3550 设置为根交换机。

```
S2126(config) # spanning - tree mode rapid - pvst
S2126(config) # spanning - tree vlan 20 priority 0

S3550(config) # spanning - tree mode rapid - pvst
S3550(config) # spanning - tree vlan 30 priority 0
```

（4）在 RouterA 和 RouterB 上配置接口的 IP 地址。（10 分）

① 根据拓扑要求为每个接口配置 IP 地址。

② 保证所有配置的接口状态为 up。

```
RouterA(config) #
RouterA(config) # interface fastEthernet 0/1
RouterA(config - if) # ip address 10.1.1.1 255.255.255.0
RouterA(config - if) # no shutdown
RouterA(config - if) # exit
RouterA(config) # interface serial 0/1/0
RouterA(config - if) # ip address 192.168.1.1 255.255.255.252
RouterA(config - if) # no shutdown

RouterB(config) #
RouterB(config) # interface serial 0/1/0
RouterB(config - if) # ip address 192.168.1.2 255.255.255.252
```

```
RouterB(config - if)# no shutdown
RouterB(config - if)# exit
RouterB(config)# interface fastEthernet 0/1
RouterB(config - if)# ip address 1.1.1.1 255.255.255.0
RouterB(config - if)# no shutdown
```

（5）配置三层交换机的路由功能。（12分）

① 配置 S3550 实现 VLAN 1、VLAN 20、VLAN 30、VLAN 80 之间的互通。（8分）

② S3550 通过 VLAN 1 中的 F0/10 接口和 RouterA 相连，在 S3550 上 ping 通 RouterA
的 F0/1 地址（4分）

```
S3550(config)# interface vlan 1
S3550(config - if)# ip address 10.1.1.2 255.255.255.0
S3550(config - if)# no shutdown
S3550(config - if)# exit
S3550(config)# interface vlan 20
S3550(config - if)# ip address 192.168.20.1 255.255.255.0
S3550(config - if)# no shutdown
S3550(config - if)# exit
S3550(config)# interface vlan 30
S3550(config - if)# ip address 192.168.30.1 255.255.255.0
S3550(config - if)# no shutdown
S3550(config - if)# exit
S3550(config)# interface vlan 80
S3550(config - if)# ip address 192.168.80.1 255.255.255.0
S3550(config - if)# no shutdown
S3550(config - if)# exit
S3550(config)# ip routing
S3550(config)# end
S3550# ping 10.1.1.1
```

```
Type escape sequence to abort.
Sending 5, 100 - byte ICMP Echos to 10.1.1.1, timeout is 2 seconds:
.!!!!
Success rate is 80 percent (4/5), round - trip min/avg/max = 0/0/0 ms
```

（6）配置交换机的端口安全功能。（10分）

① 在 S2126 上设置 F0/8 为安全端口。

② 安全地址最大数为 4 个。

③ 违例策略设置为 shutdown。

```
S2126(config)# interface fastEthernet 0/8
S2126(config - if)# switchport mode access
S2126(config - if)# switchport port - security
S2126(config - if)# switchport port - security maximum 4
S2126(config - if)# switchport port - security violation shutdown
```

（7）运用 RIPv2 路由协议配置全网路由。（18分）

在 S3550、路由器 A、路由器 B 上能够学习到网络中所有网段的信息。

```
S3550(config)# router rip
```

```
S3550(config-router)#version 2
S3550(config-router)#network 192.168.80.0
S3550(config-router)#network 192.168.20.0
S3550(config-router)#network 192.168.30.0
S3550(config-router)#network 10.0.0.0
S3550(config-router)#no auto-summary

RouterA(config)#router rip
RouterA(config-router)#version 2
RouterA(config-router)#network 10.0.0.0
RouterA(config-router)#network 192.168.1.0
RouterA(config-router)#no auto-summary

RouterB(config)#router rip
RouterB(config-router)#version 2
RouterB(config-router)#network 192.168.1.0
RouterB(config-router)#network 1.0.0.0
RouterB(config-router)#no auto-summary
```

（8）为了保证服务器安全,在 RouterB 上配置安全控制。（15分）

① 学生不可以访问服务器 1.1.1.18 上的 FTP 服务。

② 学生可以访问其他网络的任何资源。

③ 对办公网的任何访问不做限制。

```
RouterB(config)#access-list 100 deny tcp 192.168.30.0 0.0.0.255 host 1.1.1.18 eq 21
RouterB(config)#access-list 100 deny tcp 192.168.30.0 0.0.0.255 host 1.1.1.18 eq 20
RouterB(config)#access-list 100 permit ip any any
RouterB(config)#interface fastEthernet 0/1
RouterB(config-if)#ip access-group 100 out
```

【任务测试】

（1）PC1 能 ping 通 FTP 服务器,TTL 为 125。

（2）PC2 能 ping 通 FTP 服务器,TTL 为 125。

（3）PC1 能访问 FTP 服务器的 FTP 服务(FTP 默认账号名和密码均为 cisco),如图 A-2 所示。

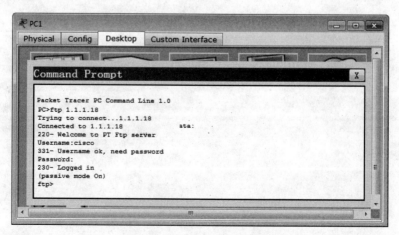

图 A-2 PC1 能访问 FTP 服务

（4）PC2 不能访问 FTP 服务器的 FTP 服务（显示超时），如图 A-3 所示。

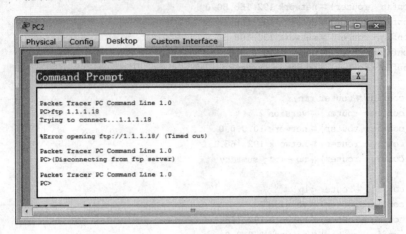

图 A-3　PC2 不能访问 FTP 服务

综合任务二

【工作任务】

图 B-1 为某企业办公网络拓扑模拟图,在接入层采用 S2126 交换机,在接入层上划分了业务部 VLAN 10 和财务部 VLAN 20。汇聚层采用 S3550 交换机,接入层和汇聚层通过两条链路连接起来,汇聚层交换机通过 VLAN 1 中的 F0/15 和 RouterA 相连。RouterA 和 RouterB 通过 S1/2 端口相连,在 RouterB 的以太网口 F0/1 上连接着 FTP 服务器,为了保证信息安全,此服务器对业务部开放,对财务部不开放。

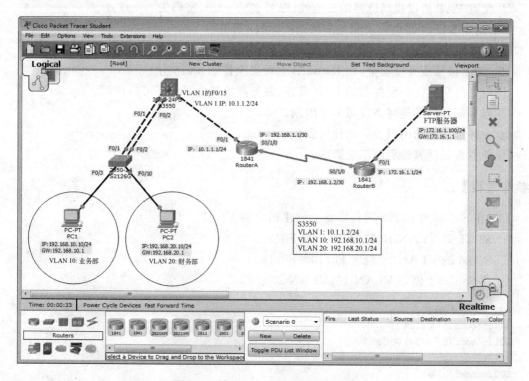

图 B-1　某企业办公网络拓扑模拟图

说明:图 B-1 中的 S2126 交换机用思科 2950-24 替代,S3550 交换机用思科 3560-24PS 替代,RouterA 和 RouterB 串口接口用 S0/1/0 替代。

【任务要求】

(1) 在 S3550 与 S2126 两台设备上创建相应的 VLAN。(15 分)

① S2126 的 VLAN 10 包含 F0/3 和 F0/5。

② S2126 的 VLAN 20 包含 F0/10~F0/13。

③ 在 S3550 上创建 VLAN 10、VLAN 20。

（2）S3550 与 S2126 两台设备通过双链路相连。（10 分）

配置聚合链路，提高链路带宽。

（3）将 S3550 与 S2126 之间的聚合链路配置为 Trunk 链路。（10 分）

（4）在 RouterA 和 RouterB 上配置接口 IP 的地址。（10 分）

① 根据拓扑要求为每个接口配置 IP 地址。

② 保证所有配置的接口状态为 up。

（5）配置三层交换机的路由功能。（12 分）

① 配置 S3550 实现 VLAN 1、VLAN 10、VLAN 20 之间的互通。（9 分）

② S3550 通过 VLAN 1 中的 F0/15 接口和 RouterA 相连，在 S3550 上 ping 通 RouterA 的 F0/1 地址。（3 分）

（6）在 RouterA 和 RouterB 上配置广域网链路。（10 分）

① 将链路层协议封装为 PPP 协议。

② 配置 PAP 协议提高链路的安全性（账号名为 gdcp，密码为 cisco）。

（7）运用 RIPv2 路由协议配置全网路由。（18 分）

在 S3550、RouterA、RouterB 上能够学习到网络中所有网段的信息。

（8）为了保证服务器安全，在 RouterB 上做安全控制。（15 分）

① 财务部只能访问服务器的 FTP 服务，服务器的其他服务不可以访问。

② 财务部访问其他网络资源不受限制。

③ 业务部不能访问服务器的任何服务。

④ 业务部访问其他资源不受影响。

【参考过程】

（1）在 S3550 与 S2126 两台设备上创建相应的 VLAN。（15 分）

① S2126 的 VLAN 10 包含 F0/3 和 F0/5。

② S2126 的 VLAN 20 包含 F0/10~F0/13。

③ 在 S3550 上创建 VLAN 10、VLAN 20。

```
S2126 (config) #
S2126(config) # vlan 10
S2126(config - vlan) # vlan 20
S2126(config - vlan) # exit
S2126(config) #
S2126(config) # interface range fastEthernet 0/3, fastEthernet 0/5
S2126(config - if - range) # switchport access vlan 10
S2126(config - if - range) # exit
S2126(config) # interface range fastEthernet 0/10 - 13
S2126(config - if - range) # switchport access vlan 20
S2126(config - if - range) # exit
S2126(config) #

S3550(config) #
S3550(config) # vlan 10
```

```
S3550(config - vlan) # vlan 20
S3550(config - vlan) # exit
S3550(config) #
```

（2）S3550 与 S2126 两台设备通过双链路相连。（10 分）
配置聚合链路，提高链路带宽。

```
S2126(config) # interface range fastEthernet 0/1 - 2
S2126(config - if - range) # channel - group 1 mode active
S2126(config - if - range) # exit
S2126(config) #

S3550(config) # interface range fastEthernet 0/1 - 2
S3550(config - if - range) # channel - group 1 mode active
S3550(config - if - range) # exit
S3550(config) #
```

（3）将 S3550 与 S2126 之间的聚合链路配置为 Trunk 链路。（10 分）

```
S2126(config) # interface port - channel 1
S2126(config - if) # switchport mode trunk
S2126(config - if) # exit
S2126(config) #

S3550(config) # interface port - channel 1
S3550(config - if) # switchport trunk encapsulation dot1q
S3550(config - if) # switchport mode trunk
S3550(config - if) # exit
S3550(config) #
```

（4）在 RouterA 和 RouterB 上配置接口的 IP 地址。（10 分）
① 根据拓扑要求为每个接口配置 IP 地址。
② 保证所有配置的接口状态为 up。

```
RouterA(config) #
RouterA(config) # interface fastEthernet 0/1
RouterA(config - if) # ip address 10.1.1.1 255.255.255.0
RouterA(config - if) # no shutdown
RouterA(config - if) # exit
RouterA(config) # interface serial 0/1/0
RouterA(config - if) # ip address 192.168.1.1 255.255.255.252
RouterA(config - if) # no shutdown

RouterB(config) #
RouterB(config) # interface serial 0/1/0
RouterB(config - if) # ip address 192.168.1.2 255.255.255.252
RouterB(config - if) # no shutdown
RouterB(config - if) # exit
RouterB(config) # interface fastEthernet 0/1
RouterB(config - if) # ip address 172.16.1.1 255.255.255.0
RouterB(config - if) # no shutdown
RouterB(config - if) # exit
RouterB(config) #
```

（5）配置三层交换机的路由功能。（12 分）

① 配置 S3550 上实现 VLAN 1、VLAN 10、VLAN 20 之间的互通。（9 分）

② S3550 通过 VLAN 1 中的 F0/15 接口和 RouterA 相连，在 S3550 上 ping 通 RouterA 的 F0/1 地址（3 分）

```
S3550(config)#interface vlan 1
S3550(config-if)#ip address 10.1.1.2 255.255.255.0
S3550(config-if)#no shutdown
S3550(config-if)#exit
S3550(config)#interface vlan 10
S3550(config-if)#ip address 192.168.10.1 255.255.255.0
S3550(config-if)#no shutdown
S3550(config-if)#exit
S3550(config)#interface vlan 20
S3550(config-if)#ip address 192.168.20.1 255.255.255.0
S3550(config-if)#no shutdown
S3550(config-if)#exit
S3550(config)#ip routing
S3550(config)#end
S3550#ping 10.1.1.1
```

```
Type escape sequence to abort.
Sending 5, 100-byte ICMP Echos to 10.1.1.1, timeout is 2 seconds:
.!!!!
Success rate is 80 percent (4/5), round-trip min/avg/max = 0/0/0 ms
```

（6）在 RouterA 和 RouterB 上配置广域网链路。（10 分）

① 将链路层协议封装为 PPP 协议。

② 配置 PAP 协议提高链路的安全性（账号名为 gdcp，密码为 cisco）。

```
RouterA(config)#
RouterA(config)#interface serial 0/1/0
RouterA(config-if)#encapsulation ppp
RouterA(config-if)#ppp pap sent-username gdcp password cisco
RouterA(config-if)#exit
RouterA(config)#
```

```
RouterB(config)#
RouterB(config)#interface serial 0/1/0
RouterB(config-if)#encapsulation ppp
RouterB(config-if)#ppp authentication pap
RouterB(config-if)#exit
RouterB(config)#username gdcp password cisco
RouterB(config)#
```

（7）运用 RIPv2 路由协议配置全网路由。（18 分）

在 S3550、RouterA、RouterB 上能够学习到网络中所有网段的信息。

```
S3550(config)#router rip
S3550(config-router)#version 2
S3550(config-router)#network 192.168.10.0
```

```
S3550(config-router)#network 192.168.20.0
S3550(config-router)#network 10.0.0.0
S3550(config-router)#no auto-summary

RouterA(config)#router rip
RouterA(config-router)#version 2
RouterA(config-router)#network 10.0.0.0
RouterA(config-router)#network 192.168.1.0
RouterA(config-router)#no auto-summary

RouterB(config)#router rip
RouterB(config-router)#version 2
RouterB(config-router)#network 192.168.1.0
RouterB(config-router)#network 172.16.0.0
RouterB(config-router)#no auto-summary
```

（8）为了保证服务器安全，在 RouterB 上做安全控制。（15 分）

① 财务部只能访问服务器的 FTP 服务，服务器的其他服务不可以访问。

② 财务部访问其他网络资源不受限制。

③ 业务部不能访问服务器的任何服务。

④ 业务部访问其他资源不受影响。

```
RouterB(config)#access-list 110 permit tcp 192.168.20.0 0.0.0.255 host 172.16.1.100 eq 21
RouterB(config)#access-list 110 permit tcp 192.168.20.0 0.0.0.255 host 172.16.1.100 eq 20
RouterB(config)#access-list 110 deny ip 192.168.20.0 0.0.0.255 host 172.16.1.100
RouterB(config)#access-list 110 deny ip 192.168.10.0 0.0.0.255 host 172.16.1.100
RouterB(config)#access-list 110 permit ip any any
RouterB(config)#interface fastEthernet 0/1
RouterB(config-if)#ip access-group 110 out
```

【任务测试】

（1）PC1 不能 ping 通服务器。

（2）PC2 不能 ping 通服务器。

（3）PC1 不能访问服务器的 FTP 服务（显示超时），如图 B-2 所示。

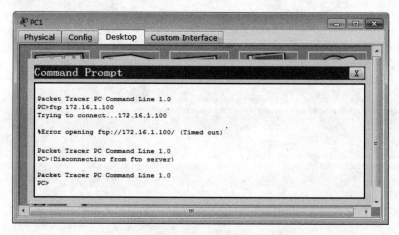

图 B-2　PC1 不能访问服务器的 FTP 服务

（4）PC2 可以访问服务器的 FTP 服务（FTP 默认账号名和密码均为 cisco），如图 B-3 所示。

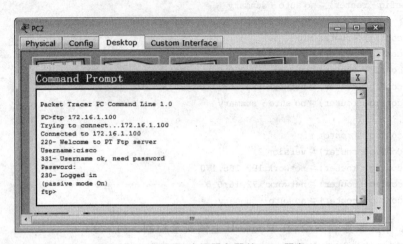

图 B-3　PC2 可以访问服务器的 FTP 服务

综合任务三

【工作任务】

图 C-1 为某学校网络拓扑模拟图,接入层设备采用 S2126 交换机,在汇聚层上采用 S3550 交换机,在接入层上划分了办公网 VLAN 4 和学生网 VLAN 5。在 S3550 上有网管 VLAN 8,S3550 通过 VLAN 1 中的 F0/15 和 RouterA 相连。RouterA 和 RouterB 通过 S1/2 端口相连,在 RouterB 的以太网口 F0/1 上连接着 Web 服务器。为了保证信息安全,禁止学生网访问 Web 服务器,允许办公网访问 Web 服务器,但是禁止办公网访问 Web 服务器的 Telnet 服务。

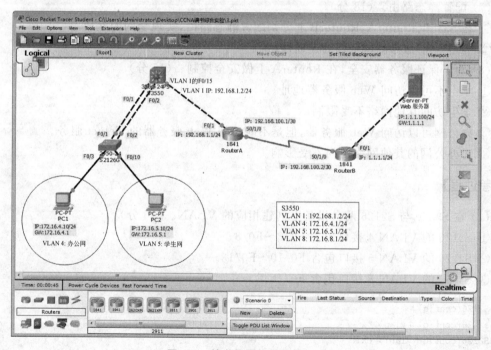

图 C-1 某学校网络拓扑模拟图

说明:图 C-1 中的 S2126 交换机用思科 2950-24 替代,S3550 交换机用思科 3560-24PS 替代,RouterA 和 RouterB 串口接口用 S0/1/0 替代。

【任务要求】

(1) 在 S3550 与 S2126 两台设备上创建相应的 VLAN。(15 分)

① S2126 的 VLAN 4 接口包含 F0/3~F0/8。

② S2126 的 VLAN 5 接口包含 F0/10~F0/13。

③ S3550 的 VLAN 8 接口包含 F0/18。

（2）S3550 与 S2126 两台设备通过双链路相连。（10 分）

利用 IEEE 802.3AD 技术配置聚合链路，提高链路带宽。

（3）将 S3550 与 S2126 之间的聚合链路配置为 Trunk 链路。（10 分）

（4）在 RouterA 和 RouterB 上配置接口的 IP 地址。（10 分）

① 根据拓扑要求为每个接口配置 IP 地址。

② 保证所有配置的接口状态为 up。

（5）配置三层交换机的路由功能。（12 分）

① 配置 S3550 实现 VLAN 1、VLAN 4、VLAN 5、VLAN 8 之间的互通（8 分）

② S3550 通过 VLAN 1 中的 F0/15 接口和 RouterA 相连，在 S3550 上 ping RouterA 的 F0/1 地址（4 分）

（6）在 RouterA 和 RouterB 上配置广域网链路。（10 分）

① 在 S2126 上设置 F0/8 为安全端口。

② 安全地址最大数为 4 个。

③ 违例策略设置为 shutdown。

（7）配置静态路由。（18 分）

① 在 S3550、RouterA、RouterB 上分别配置静态路由，实现全网的互通。

② 利用 ping 命令测试全网的连通性。

（8）为了保证服务器安全，在 RouterA 上做安全控制。（15 分）

① 学生不可以访问 Web 服务器地址。

② 学生访问其他网络不受限制。

③ 办公网可以访问 Web 服务器，但是不能访问 Web 服务器的 Telnet 服务。

④ 对办公网的其他网络访问不受影响。

【参考过程】

（1）在 S3550 与 S2126 两台设备上创建相应的 VLAN。（15 分）

① S2126 的 VLAN 4 接口包含 F0/3～F0/8。

② S2126 的 VLAN 5 接口包含 F0/10～F0/13。

③ S3550 的 VLAN 8 接口包含 F0/18。

```
S2126(config)#
s2126(config)#vlan 4
S2126(config-vlan)#exit
S2126(config)#interface range fastEthernet 0/3-8
s2126(config-if-range)#switchport access vlan 4
S2126(config-if-range)#exit
s2126(config)#vlan 5
S2126(config-vlan)#exit
S2126(config)#interface range fastEthernet 0/10-13
s2126(config-if-range)#switchport access vlan 5
S2126(config-if-range)#exit

S3550(config)#
S3550(config)#vlan 8
S3550(config-vlan)#exit
```

```
S3550(config)# interface fastEthernet 0/18
s3550(config-if)# switchport access vlan 8
s3550(config-if)# exit
```

（2）S3550 与 S2126 两台设备通过双链路相连。（10 分）
利用 IEEE 802.3AD 技术配置聚合链路，提高链路带宽。

```
S2126(config)# interface range fastEthernet 0/1-2
S2126(config-if-range)# channel-group 1 mode active
S2126(config-if-range)# exit
S2126(config)#

S3550(config)# interface range fastEthernet 0/1-2
S3550(config-if-range)# channel-group 1 mode active
S3550(config-if-range)# exit
S3550(config)#
```

（3）将 S3550 与 S2126 之间的聚合链路配置为 Trunk 链路。（10 分）

```
S2126(config)# interface port-channel 1
S2126(config-if)# switchport mode trunk
S2126(config-if)# exit
S2126(config)#

S3550(config)# interface port-channel 1
S3550(config-if)# switchport trunk encapsulation dot1q
S3550(config-if)# switchport mode trunk
S3550(config-if)# exit
S3550(config)#
```

（4）在 RouterA 和 RouterB 上配置接口的 IP 地址。（10 分）
① 根据拓扑要求为每个接口配置 IP 地址。
② 保证所有配置的接口状态为 up。

```
RouterA(config)#
RouterA(config)# interface fastEthernet 0/1
RouterA(config-if)# ip address 192.168.1.1 255.255.255.0
RouterA(config-if)# no shutdown
RouterA(config-if)# exit
RouterA(config)# interface serial 0/1/0
RouterA(config-if)# ip address 192.168.100.1 255.255.255.252
RouterA(config-if)# no shutdown

RouterB(config)#
RouterB(config)# interface serial 0/1/0
RouterB(config-if)# ip address 192.168.100.2 255.255.255.252
RouterB(config-if)# no shutdown
RouterB(config-if)# exit
RouterB(config)# interface fastEthernet 0/1
RouterB(config-if)# ip address 1.1.1.1 255.255.255.0
RouterB(config-if)# no shutdown
```

（5）配置三层交换机的路由功能。（12分）

① 配置 S3550 实现 VLAN 1、VLAN 4、VLAN 5、VLAN 8 之间的互通（8分）

② S3550 通过 VLAN 1 中的 F0/15 接口和 RouterA 相连，在 S3550 上 ping RouterA 的 F0/1 地址（4分）

```
S3550(config)#interface vlan 1
S3550(config-if)#ip address 192.168.1.2 255.255.255.0
S3550(config-if)#no shutdown
S3550(config-if)#exit
S3550(config)#vlan 4
S3550(config-vlan)#exit
S3550(config)#interface vlan 4
S3550(config-if)#ip address 172.16.4.1 255.255.255.0
S3550(config-if)#no shutdown
S3550(config-if)#exit
S3550(config)#vlan 5
S3550(config-vlan)#exit
S3550(config)#interface vlan 5
S3550(config-if)#ip address 172.16.5.1 255.255.255.0
S3550(config-if)#no shutdown
S3550(config-if)#exit
S3550(config)#interface vlan 8
S3550(config-if)#ip address 172.16.8.1 255.255.255.0
S3550(config-if)#no shutdown
S3550(config-if)#exit
S3550(config)#ip routing
S3550(config)#end
S3550#ping 192.168.1.1
```

```
Type escape sequence to abort.
Sending 5, 100-byte ICMP Echos to 192.168.1.1, timeout is 2 seconds:
.!!!!
Success rate is 80 percent (4/5), round-trip min/avg/max = 0/0/0 ms
```

（6）在 RouterA 和 RouterB 上配置广域网链路。（10分）

① 在 S2126 上设置 F0/8 为安全端口。

② 安全地址最大数为 4 个。

③ 违例策略设置为 shutdown。

```
S2126(config)#interface fastEthernet 0/8
S2126(config-if)#switchport mode access
S2126(config-if)#switchport port-security
S2126(config-if)#switchport port-security maximum 4
S2126(config-if)#switchport port-security violation shutdown
```

（7）配置静态路由。（18分）

① 在 S3550、RouterA、RouterB 上分别配置静态路由，实现全网的互通。

② 利用 ping 命令测试全网的连通性。

```
s3550(config)#ip route 192.168.100.0 255.255.255.252 192.168.1.1
```

```
s3550(config)# ip route 1.1.1.0 255.255.255.0 192.168.1.1

RouterA(config)# ip route 172.16.4.0 255.255.255.0 192.168.1.2
RouterA(config)# ip route 172.16.5.0 255.255.255.0 192.168.1.2
RouterA(config)# ip route 172.16.8.0 255.255.255.0 192.168.1.2
RouterA(config)# ip route 1.1.1.0 255.255.255.0 192.168.100.2

RouterB(config)# ip route 192.168.1.0 255.255.255.0 192.168.100.1
RouterB(config)# ip route 172.16.4.0 255.255.255.0 192.168.100.1
RouterB(config)# ip route 172.16.5.0 255.255.255.0 192.168.100.1
RouterB(config)# ip route 172.16.8.0 255.255.255.0 192.168.100.1
```

注意：内网静态路由配置不建议使用默认路由，如"RouterB(config)# ip route 0.0.0.0 0.0.0.0 192.168.100.1"，默认路由一般用于连接外网。

（8）为了保证服务器安全，在 RouterA 上做安全控制。（15 分）

① 学生不可以访问 Web 服务器地址。

② 学生访问其他网络不受限制。

③ 办公网可以访问 Web 服务器，但是不能访问 Web 服务器的 Telnet 服务。

④ 对办公网的其他网络访问不受影响。

```
RouterA(config)# access - list 100 deny ip 172.16.5.0 0.0.0.255 host 1.1.1.100
RouterA(config)# access - list 100 deny tcp 172.16.4.0 0.0.0.255 host 1.1.1.100 eq 23
RouterA(config)# access - list 100 permit ip any any
RouterA(config)# interface fastEthernet 0/1
RouterA(config - if)# ip access - group 100 in
```

【任务测试】

（1）由于 ACL 限制，PC2 不能 ping 通服务器，但最远能 ping 通 1.1.1.1，如图 C-2 所示。

图 C-2　学生主机连通情况

其中,提示 Request timed out 是因为线路在做第一次连接时导致超时,连接成功后将不会再产生超时情况;其后三个包显示 Destination host unreachable 是因为被 192.168.1.1 设备过滤,即 RouterA 的 F0/1 接口 ACL 已应用。

(2) PC2 能访问服务器 1.1.1.100 的 Web 服务,如图 C-3 所示,但不能用 Telnet 连接到该服务器(由于 PacketTracer 软件内置服务器没有 Telnet 服务,无法测试)。

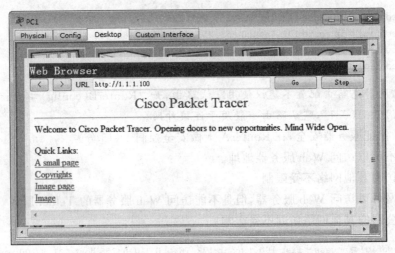

图 C-3　PC2 能访问服务器的 Web 服务

综合任务四

【工作任务】

图 D-1 为某企业网络拓扑模拟图,接入层采用 S2126 交换机,汇聚层采用 S3550 交换机。在接入层上划分生产部 VLAN 2 和业务部 VLAN 3,汇聚层交换机有 VLAN 10 为网管 VLAN。汇聚层交换机通过 VLAN 1 中的端口 F0/24 和 RouterA 相连,局域网通过 RouterA 连接到互联网。在 RouterA 上考虑做相关配置禁止生产部门主机访问互联网上的 Web 服务器 61.5.8.1。

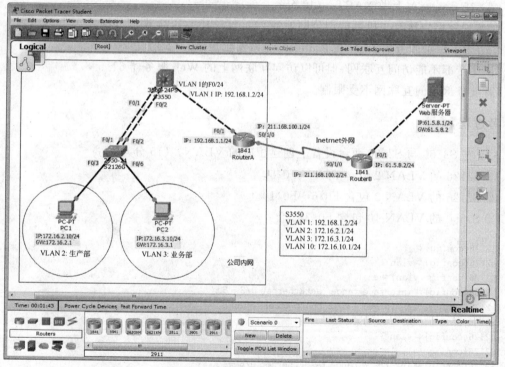

图 D-1 某企业网络拓扑模拟图

说明:图 D-1 中的 S2126 交换机用思科 2950-24 替代,S3550 交换机用思科 3560-24PS 替代,RouterA 和 RouterB 串口接口用 S0/1/0 替代。

【任务要求】

(1) 在 S3550 与 S2126 两台设备上创建相应的 VLAN。(15 分)

① S2126 的 VLAN 2 包含 F0/3～F0/5。

② S2126 的 VLAN 3 包含 F0/6～F0/10。

③ S3550 的 VLAN 10 包含 F0/22。

（2）S3550 与 S2126 两台设备通过双链路相连。（10 分）

利用 IEEE 802.3AD 技术配置聚合链路，提高链路带宽。

（3）将 S3550 与 S2126 之间的聚合链路配置为 Trunk 链路。（10 分）

（4）在 RouterA 和 RouterB 上配置接口的 IP 地址。（10 分）

① 根据拓扑要求为每个接口配置 IP 地址。

② 保证所有配置的接口状态为 up。

（5）配置三层交换机的路由功能。（12 分）

① 配置 S3550 实现 VLAN 1、VLAN 2、VLAN 3、VLAN 10 之间的互通（8 分）

② S3550 通过 VLAN 1 中的 F0/24 接口和 RouterA 相连，在 S3550 上 ping RouterA 的
F0/1 地址（4 分）

（6）配置静态路由。（18 分）

① 在 RouterA 上配置静态路由，实现内网互通。

② 在 S3550 和 RouterA 上对外网进行默认路由配置。

（7）在 RouterA 上做 NAPT。（10 分）

使得局域网内所有主机都能用公网地址 211.168.100.1/24 访问外网。

（8）为了保证服务器安全，在 RouterA 上做安全控制。（15 分）

① 生产部不能访问互联网，但可以访问互联网上的 Web 服务器 61.5.8.1。

② 业务部访问互联网不受限制。

【参考过程】

（1）在 S3550 与 S2126 两台设备上创建相应的 VLAN。（15 分）

① S2126 的 VLAN 2 包含 F0/3～F0/5。

② S2126 的 VLAN 3 包含 F0/6～F0/10。

③ S3550 的 VLAN 10 包含 F0/22。

```
S2126(config)#
s2126(config)#vlan 2
S2126(config-vlan)#exit
S2126(config)#interface range fastEthernet 0/3-5
s2126(config-if-range)#switchport access vlan 2
S2126(config-if-range)#exit
s2126(config)#vlan 3
s2126(config-vlan)#exit
S2126(config)#interface range fastEthernet 0/6-10
s2126(config-if-range)#switchport access vlan 3
S2126(config-if-range)#exit

S3550(config)#
S3550(config)#vlan 10
S3550(config-vlan)#exit
S3550(config)#interface fastEthernet 0/22
s3550(config-if)#switchport access vlan 10
s3550(config-if)#exit
```

（2）S3550 与 S2126 两台设备通过双链路相连。（10 分）

利用 IEEE 802.3AD 技术配置聚合链路，提高链路带宽。

```
S2126(config) # interface range fastEthernet 0/1 - 2
S2126(config - if - range) # channel - group 1 mode active
S2126(config - if - range) # exit
S2126(config) #

S3550(config) # interface range fastEthernet 0/1 - 2
S3550(config - if - range) # channel - group 1 mode active
S3550(config - if - range) # exit
S3550(config) #
```

（3）将 S3550 与 S2126 之间的聚合链路配置为 Trunk 链路。（10 分）

```
S2126(config) # interface port - channel 1
S2126(config - if) # switchport mode trunk
S2126(config - if) # exit
S2126(config) #

S3550(config) # interface port - channel 1
S3550(config - if) # switchport trunk encapsulation dot1q
S3550(config - if) # switchport mode trunk
S3550(config - if) # exit
S3550(config) #
```

（4）在 RouterA 和 RouterB 上配置接口的 IP 地址。（10 分）

① 根据拓扑要求为每个接口配置 IP 地址。

② 保证所有配置的接口状态为 up。

```
RouterA(config) #
RouterA(config) # interface fastEthernet 0/1
RouterA(config - if) # ip address 192.168.1.1 255.255.255.0
RouterA(config - if) # no shutdown
RouterA(config - if) # exit
RouterA(config) # interface serial 0/1/0
RouterA(config - if) # ip address 211.168.100.1 255.255.255.0
RouterA(config - if) # no shutdown

RouterB(config) #
RouterB(config) # interface serial 0/1/0
RouterB(config - if) # ip address 211.168.100.2 255.255.255.0
RouterB(config - if) # no shutdown
RouterB(config - if) # exit
RouterB(config) # interface fastEthernet 0/1
RouterB(config - if) # ip address 61.5.8.2 255.255.255.0
RouterB(config - if) # no shutdown
```

（5）配置三层交换机的路由功能。（12 分）

① 配置 S3550 实现 VLAN 1、VLAN 2、VLAN 3、VLAN 10 之间的互通。（8 分）

② S3550 通过 VLAN 1 中的 F0/24 接口和 RouterA 相连，在 S3550 上 ping RouterA 的 F0/1 地址。（4 分）

```
S3550(config) # interface vlan 1
S3550(config - if) # ip address 192.168.1.2 255.255.255.0
S3550(config - if) # no shutdown
S3550(config - if) # exit
S3550(config) # vlan 2
S3550(config - vlan) # exit
```

```
S3550(config)# interface vlan 2
S3550(config-if)# ip address 172.16.2.1 255.255.255.0
S3550(config-if)# no shutdown
S3550(config-if)# exit
S3550(config)# vlan 3
S3550(config-vlan)# exit
S3550(config)# interface vlan 3
S3550(config-if)# ip address 172.16.3.1 255.255.255.0
S3550(config-if)# no shutdown
S3550(config-if)# exit
S3550(config)# interface vlan 10
S3550(config-if)# ip address 172.16.10.1 255.255.255.0
S3550(config-if)# no shutdown
S3550(config-if)# exit
S3550(config)# ip routing
S3550(config)# end
S3550# ping 192.168.1.1
```

```
Type escape sequence to abort.
Sending 5, 100-byte ICMP Echos to 192.168.1.1, timeout is 2 seconds:
.!!!!
Success rate is 80 percent (4/5), round-trip min/avg/max = 0/0/0 ms
```

（6）配置静态路由。（18 分）

① 在 RouterA 上配置静态路由，实现内网互通。

② 在 S3550 和 RouterA 上对外网进行默认路由配置。

```
S3550(config)# ip route 0.0.0.0 0.0.0.0 vlan1

RouterA(config)# ip route 172.16.2.0 255.255.255.0 192.168.1.2
RouterA(config)# ip route 172.16.3.0 255.255.255.0 192.168.1.2
RouterA(config)# ip route 172.16.10.0 255.255.255.0 192.168.1.2
RouterA(config)# ip route 0.0.0.0 0.0.0.0 serial 0/1/0
```

（7）在 RouterA 上做 NAPT。（10 分）

使得局域网内所有主机都能用公网地址 211.168.100.1/24 访问外网。

```
RouterA(config)# interface fastEthernet 0/1
RouterA(config-if)# ip nat inside
RouterA(config-if)# exit
RouterA(config)# interface serial 0/1/0
RouterA(config-if)# ip nat outside
RouterA(config-if)# exit
RouterA(config)# ip nat pool to_internet 211.168.100.1 211.168.100.1 netmask 255.255.255.0
RouterA(config)# access-list 10 permit any
RouterA(config)# ip nat inside source list 10 pool to_internet overload
```

（8）为了保证服务器安全，在 RouterA 上做安全控制。（15 分）

① 生产部不能访问互联网，但可以访问互联网上的 Web 服务器 61.5.8.1。

② 业务部访问互联网不受限制。

```
RouterA(config)# access-list 100 permit ip 172.16.2.0 0.0.0.255 host 61.5.8.1
RouterA(config)# access-list 100 deny ip 172.16.2.0 0.0.0.255 any
RouterA(config)# access-list 100 permit ip any any
RouterA(config)# interface fastEthernet 0/1
RouterA(config-if)# ip access-group 100 in
```

【任务测试】

(1) 由于 ACL 限制,PC1 不能 ping 通 211.168.100.1、211.168.100.2 和 61.5.8.2,如图 D-2 所示,但能 ping 通 61.5.8.1,如图 D-3 所示。

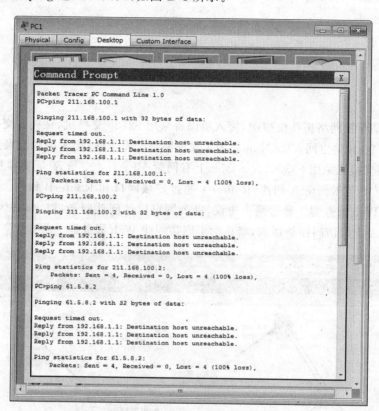

图 D-2 生产部主机不能连通情况图

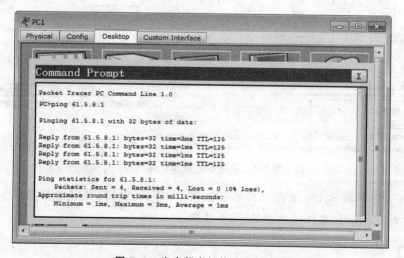

图 D-3 生产部主机能连通情况图

(2) PC2 能 ping 通 211.168.100.1、211.168.100.2、61.5.8.2 和 61.5.8.1。

综合任务五

【工作任务】

图 E-1 为某学校网络拓扑模拟图,接入层设备采用 S2126 交换机,在接入交换机上划分了办公网 VLAN 20 和学生网 VLAN 30。为了保证网络的稳定性,接入层和汇聚层通过两条链路相连,汇聚层交换机采用 S3550,在 S3550 上有网管 VLAN 40。汇聚层交换机通过 VLAN 1 中的接口 F0/10 与 RouterA 相连,RouterA 通过广域网口和 RouterB 相连。RouterB 以太网口连接一台 Web 服务器。通过路由协议,办公网可以访问此服务器。但是为了信息安全,计划在 RouterA 上做访问控制列表,禁止学生网访问此 Web 服务器。

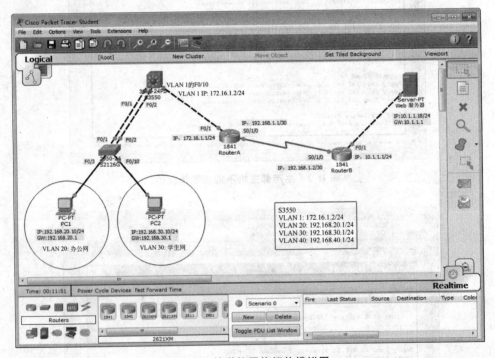

图 E-1　某学校网络拓扑模拟图

说明:图 E-1 中的 S2126 交换机用思科 2950-24 替代,S3550 交换机用思科 3560-24PS 替代,RouterA 和 RouterB 串口接口用 S0/1/0 替代。

【任务要求】

(1) 在 S3550 与 S2126 两台设备上创建相应的 VLAN。(15 分)

① S2126 的 VLAN 20 包含 F0/3～F0/5 及 F0/8。

② S2126 的 VLAN 30 包含 F0/10～F0/15。

③ S3550 的 VLAN 40 包含 F0/7。

（2）S3550 与 S2126 两台设备利用 F0/1 与 F0/2 建立 Trunk 链路。（10分）

① S2126 的 F0/1 和 S3550 的 F0/1 建立 Trunk 链路。

② S2126 的 F0/2 和 S3550 的 F0/2 建立 Trunk 链路。

（3）S3550 与 S2126 两台设备之间提供冗余链路。（10分）

① 在 VLAN 20 和 VLAN 30 上配置快速生成树协议实现冗余链路。

② 对于 VLAN 20，将 S2126 设置为根交换机；对于 VLAN 30，将 S3550 设置为根交换机。

（4）在 RouterA 和 RouterB 上配置接口的 IP 地址。（10分）

① 根据拓扑要求为每个接口配置 IP 地址。

② 保证所有配置的接口状态为 up。

（5）配置三层交换机的路由功能。（12分）

① 配置 S3550 实现 VLAN 1、VLAN 20、VLAN 30、VLAN 40 之间的互通（8分）

② S3550 通过 VLAN 1 中的 F0/10 接口和 RouterA 相连，在 S3550 上 ping RorterA 的 F1/0 地址（4分）

（6）在 RouterA 和 RouterB 上配置广域网链路。（10分）

① 将链路层协议封装为 PPP 协议。

② 配置 PAP 协议，提高链路的安全性（账号名为 gdcp，密码为 cisco）。

（7）配置静态路由。（18分）

① 在 S3550、RouterA、RouterB 上分别配置静态路由，实现全网的互通。

② 利用 ping 命令测试全网的连通性。

（8）为了保证服务器安全，在 RouterA 上做安全控制。（15分）

① 学生不可以访问 Web 服务器上的任何服务。

② 学生访问其他网络不受限制。

③ 办公网可以访问 Web 服务器，但是不能访问 Web 服务器的 Telnet 服务。

④ 对办公网的其他网络访问不受影响。

【参考过程】

（1）在 S3550 与 S2126 两台设备上创建相应的 VLAN。（15分）

① S2126 的 VLAN 20 包含 F0/3～F0/5 及 F0/8。

② S2126 的 VLAN 30 包含 F0/10～F0/15。

③ S3550 的 VLAN 40 包含 F0/7。

```
S2126(config)#
s2126(config)#vlan 20
S2126(config-vlan)#exit
S2126(config)#interface range fastEthernet 0/3-5, fastEthernet 0/8
s2126(config-if-range)#switchport access vlan 20
S2126(config-if-range)#exit
s2126(config)#vlan 30
S2126(config-vlan)#exit
```

```
S2126(config) # interface range fastEthernet 0/10 - 15
s2126(config - if - range) # switchport access vlan 30
S2126(config - if - range) # exit

S3550(config) #
S3550(config) # vlan 40
S3550(config - vlan) # exit
S3550(config) # interface fastEthernet 0/7
s3550(config - if) # switchport access vlan 40
s3550(config - if) # exit
```

（2）S3550 与 S2126 两台设备利用 F0/1 与 F0/2 建立 Trunk 链路。（10 分）

① S2126 的 F0/1 和 S3550 的 F0/1 建立 Trunk 链路。

② S2126 的 F0/2 和 S3550 的 F0/2 建立 Trunk 链路。

```
S2126(config) # interface range fastEthernet 0/1 - 2
S2126(config - if - range) # switchport mode trunk

S3550(config) # interface range fastEthernet 0/1 - 2
S3550(config - if - range) # switchport trunk encapsulation dot1q
S3550(config - if - range) # switchport mode trunk
```

（3）S3550 与 S2126 两台设备之间提供冗余链路。（10 分）

① 对 VLAN 20 和 VLAN 30 上配置快速生成树协议实现冗余链路。

② 对于 VLAN 20,将 S2126 设置为根交换机；对于 VLAN 30,将 S3550 设置为根交换机。

```
S2126(config) # spanning - tree mode rapid - pvst
S2126(config) # spanning - tree vlan 20 priority 0

S3550(config) # spanning - tree mode rapid - pvst
S3550(config) # spanning - tree vlan 30 priority 0
```

（4）在 RouterA 和 RouterB 上配置接口的 IP 地址。（10 分）

① 根据拓扑要求为每个接口配置 IP 地址。

② 保证所有配置的接口状态为 up。

```
RouterA(config) #
RouterA(config) # interface fastEthernet 0/1
RouterA(config - if) # ip address 172.16.1.1 255.255.255.0
RouterA(config - if) # no shutdown
RouterA(config - if) # exit
RouterA(config) # interface serial 0/1/0
RouterA(config - if) # ip address 192.168.1.1 255.255.255.252
RouterA(config - if) # no shutdown

RouterB(config) #
RouterB(config) # interface serial 0/1/0
RouterB(config - if) # ip address 192.168.1.2 255.255.255.252
RouterB(config - if) # no shutdown
RouterB(config - if) # exit
RouterB(config) # interface fastEthernet 0/1
RouterB(config - if) # ip address 10.1.1.1 255.255.255.0
```

```
RouterB(config - if)# no shutdown
RouterB(config - if)# exit
RouterB(config)#
```

（5）配置三层交换机的路由功能。（12分）

① 配置 S3550 实现 VLAN 1、VLAN 20、VLAN 30、VLAN 40 之间的互通（8分）

② S3550 通过 VLAN 1 中的 F0/10 接口和 RouterA 相连，在 S3550 上 ping RouterA 的 F1/0 地址（4分）

```
S3550(config)# interface vlan 1
S3550(config - if)# ip address 172.16.1.2 255.255.255.0
S3550(config - if)# no shutdown
S3550(config - if)# exit
S3550(config)# vlan 20
S3550(config - vlan)# exit
S3550(config)# interface vlan 20
S3550(config - if)# ip address 192.168.20.1 255.255.255.0
S3550(config - if)# no shutdown
S3550(config - if)# exit
S3550(config)# vlan 30
S3550(config - vlan)# exit
S3550(config)# interface vlan 30
S3550(config - if)# ip address 192.168.30.1 255.255.255.0
S3550(config - if)# no shutdown
S3550(config - if)# exit
S3550(config)# interface vlan 40
S3550(config - if)# ip address 192.168.40.1 255.255.255.0
S3550(config - if)# no shutdown
S3550(config - if)# exit
S3550(config)# ip routing
S3550(config)# end
S3550# ping 172.16.1.1
```

```
Type escape sequence to abort.
Sending 5, 100 - byte ICMP Echos to 172.16.1.1, timeout is 2 seconds:
.!!!!
Success rate is 80 percent (4/5), round - trip min/avg/max = 0/0/0 ms
```

（6）在 RouterA 和 RouterB 上配置广域网链路。（10分）

① 将链路层协议封装为 PPP 协议。

② 配置 PAP 协议，提高链路的安全性（账号名为 gdcp，密码为 cisco）。

```
RouterA(config)#
RouterA(config)# interface serial 0/1/0
RouterA(config - if)# encapsulation ppp
RouterA(config - if)# ppp pap sent - username gdcp password cisco
RouterA(config - if)# exit
RouterA(config)#

RouterB(config)#
```

```
RouterB(config)# interface serial 0/1/0
RouterB(config-if)# encapsulation ppp
RouterB(config-if)# ppp authentication pap
RouterB(config-if)# exit
RouterB(config)# username gdcp password cisco
RouterB(config)#
```

(7) 配置静态路由。(18分)

① 在 S3550、RouterA、RouterB 上分别配置静态路由,实现全网的互通。

② 利用 ping 命令测试全网的连通性。

```
s3550(config)# ip route 192.168.1.0 255.255.255.252 172.16.1.1
s3550(config)# ip route 10.1.1.0 255.255.255.0 172.16.1.1

RouterA(config)# ip route 192.168.20.0 255.255.255.0 172.16.1.2
RouterA(config)# ip route 192.168.30.0 255.255.255.0 172.16.1.2
RouterA(config)# ip route 192.168.40.0 255.255.255.0 172.16.1.2
RouterA(config)# ip route 10.1.1.0 255.255.255.0 192.168.1.2

RouterB(config)# ip route 172.16.1.0 255.255.255.0 192.168.1.1
RouterB(config)# ip route 192.168.20.0 255.255.255.0 192.168.1.1
RouterB(config)# ip route 192.168.30.0 255.255.255.0 192.168.1.1
RouterB(config)# ip route 192.168.40.0 255.255.255.0 192.168.1.1
```

注意:内网静态路由配置不建议使用默认路由,如"RouterB(config)# ip route 0.0.0.0 0.0.0.0 192.168.1.1",默认路由一般用于连接外网。

(8) 为了保证服务器安全,在 RouterA 上做安全控制。(15分)

① 学生不可以访问 Web 服务器上的任何服务。

② 学生访问其他网络不受限制。

③ 办公网可以访问 Web 服务器,但是不能访问 Web 服务器的 Telnet 服务。

④ 对办公网的其他网络访问不受影响。

```
RouterA(config)# access-list 100 deny ip 192.168.30.0 0.0.0.255 host 10.1.1.18
RouterA(config)# access-list 100 deny tcp 192.168.20.0 0.0.0.255 host 10.1.1.18 eq 23
RouterA(config)# access-list 100 permit ip any any
RouterA(config)# interface fastEthernet 0/1
RouterA(config-if)# ip access-group 100 in
```

【任务测试】

(1) 由于 ACL 限制,PC2 不能通过浏览器访问 10.1.1.18 的 Web 服务,也无法 ping 通 10.1.1.18,如图 E-2 所示。

(2) PC2 能 ping 通 10.1.1.1,如图 E-3 所示。

(3) PC1 可以 ping 通 10.1.1.18,如图 E-4 所示,但不能用 Telnet 连接至该服务器(由于 PacketTracer 软件内置服务器没有 Telnet 服务,无法测试)。

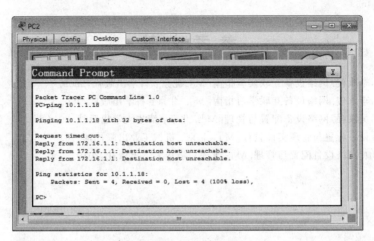

图 E-2 学生网无法访问 10.1.1.18

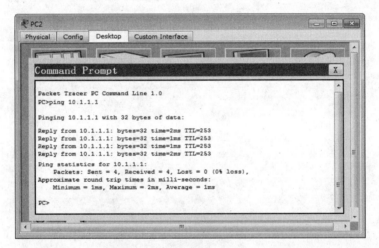

图 E-3 学生网可以访问 10.1.1.1

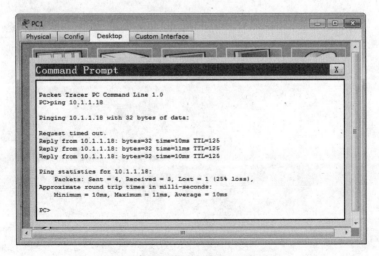

图 E-4 办公网可以连通 10.1.1.18

参 考 文 献

[1] 高峡,钟啸剑,李永俊.网络设备互联实验指南[M].北京:科学出版社,2009.
[2] 高峡,钟啸剑,李永俊.网络设备互联学习指南[M].北京:科学出版社,2009.
[3] 陈网凤,洪伟,吴汉强.网络设备配置与管理[M].北京:清华大学出版社,2014.
[4] 危光辉,李腾.设备配置与管理实训教程[M].北京:机械工业出版社,2016.
[5] 王建平,李晓敏.网络设备配置与管理[M].北京:清华大学出版社,2010.